21世纪高等学校计算机规划教材

21st Century University Planned Textbooks of Computer Science

Visual Basic
程序设计实验教程

Experiment Instruction for Visual Basic Programming

廖吾清 全同贵 主编

李跃强 周支元 丁黎明 周素萍 副主编

U0316186

高校系列

人民邮电出版社

北　京

图书在版编目（CIP）数据

Visual basic程序设计实验教程 / 廖吾清，全同贵
主编. — 北京：人民邮电出版社，2014.9
21世纪高等学校计算机规划教材. 高校系列
ISBN 978-7-115-36314-5

Ⅰ. ①V… Ⅱ. ①廖… ②全… Ⅲ. ①BASIC语言—程
序设计—高等学校—教材 Ⅳ. ①TP312

中国版本图书馆CIP数据核字(2014)第181937号

内 容 提 要

全书共分为 14 个大的实验，每个大实验又分为多个小实验。第 1 个实验介绍了 VB6 集成开发环境与简单程序设计，第 2 个实验要求学生掌握 VB 语言的基础知识，第 3～6 个实验是本书的重点，要求学生掌握结构化程序设计的精髓，第 7 个实验介绍了一些常用控件的使用方法，第 8 个实验介绍数组的使用，第 9 个实验介绍了过程的定义与调用方法，第 10 个实验则讲述了文件的相关实验，第 11 个实验介绍了 VB 窗口元素菜单与对话框的操作，实验 12 安排了程序调试与出错处理的实验，实验 13 安排了图形操作的几个实验，实验 14 则是数据库的相关实验。每个实验内容均由作者精心组织，并在每章后面配有习题供学生课后复习。

本书可作为高等学校各专业 Visual Basic 程序设计课程的配套教材，也可供准备参加湖南省(或全国)计算机水平(等级)考试的读者使用。

◆ 主　　编　廖吾清　全同贵
　　副 主 编　李跃强　周支元　丁黎明　周素萍
　　责任编辑　王　威
　　执行编辑　范博涛
　　责任印制　杨林杰

◆ 人民邮电出版社出版发行　　北京市丰台区成寿寺路 11 号
　　邮编　100164　电子邮件　315@ptpress.com.cn
　　网址　http://www.ptpress.com.cn
　　北京鑫正大印刷有限公司印刷

◆ 开本：787×1092　1/16
　　印张：8　　　　　　　　2014 年 9 月第 1 版
　　字数：197 千字　　　　　2014 年 9 月北京第 1 次印刷

定价：20.00 元

读者服务热线：(010)81055256　印装质量热线：(010)81055316
反盗版热线：(010)81055315

前　言

随着计算机技术的飞速发展，计算机基础教育已成为当代大学生素质教育中的重要构成部分。教育部明确要求高等学校的学生必须掌握一门程序设计语言。Visual Basic 是当今最受欢迎的程序设计语言之一，同时也是全国计算机等级考试（二级）及湖南省计算机等级考试（二级）的选择语种之一。我们经过多年的教学改革与实践，在不断吸收全国很多高校在计算机基础教育这一领域中积累的大量宝贵经验的基础上，按照全国计算机等级考试大纲及湖南省计算机等级考试大纲的要求编写了本书。

本书是《Visual Basic 程序设计》的配套实验教材，全书共有 14 个综合性的实验。根据每一章节的具体要求，给出若干实验题，同时提供了少量的思考题。本书实验目的明确、内容清楚、步骤详细，是初学程序设计人员的好帮手。

本书由廖吾清、全同贵老师担任主编，李跃强、周支元、丁黎明、周素萍老师担任副主编，在本书的编写过程中，曲靖师范学院姚贤明、贵州民族大学阮湘辉以及湖南科技大学信息学院肖登峰等老师给予了关注和指导；在此表示感谢。

由于编者水平有限，书中错误或不足之处在所难免，敬请读者批评指正。

编　者
2014 年 5 月

目 录 CONTENTS

PART 1

实验 1
VB6 集成开发环境与简单程序设计

实验目的

- 熟悉 Visual Basic 的开发环境；
- 掌握建立简单的 Visual Basic 应用程序的方法；
- 通过实验熟悉 Visual Basic 应用程序开发的一般步骤
- 熟悉窗体的常用属性、方法和事件；
- 掌握基本控件(标签、文本框、命令按钮)的属性、方法和事件。

重点与难点

- 掌握添加窗体与添加模块的方法；
- 掌握设置启动对象的方法；
- 掌握标准模块、窗体模块和工程文件的保存；
- 编译生成可执行文件并脱离 VB 在 Windows 下运行；
- 掌握添加窗体的 Load 事件和 Click 事件的区别；
- 熟练掌握标签、文本框、命令按钮的属性、方法和事件。

实验 1-1 创建第一个程序

在窗体 Form1 的标题栏显示"My First Program"。在窗体内画一个文本框 Text1，初始值为空。画三个命令按钮，Command1、Command2、Command3 的标题属性分别为"显示"、"隐藏"、"退出"。单击 Command1 在文本框中显示"欢迎使用 Microsoft Visual Basic6.0"，单击 Command2 文本框隐藏，单击 Command3，则关闭窗口退出。最后以 Lx1-1.frm 和实验 1.vbp 为文件名存盘，运行时窗口如图 1-1 所示。

（a）

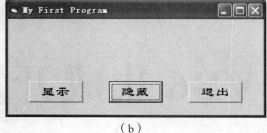
（b）

图 1-1 运行效果

【实验步骤】

（1）启动 VB6.0。在"新建工程"对话框中的"新建"选项卡中双击"标准 EXE"图标，即可进入 VB 集成开发环境。单击"视图"菜单选择不同命令反复练习对"工程资源管理器"、"属性窗口"、"工具箱"、"立即窗口"、"代码窗口"、"对象窗口"、"窗体布局窗口"的打开与关闭。单击"视图"菜单选择"工具栏"下的"标准"显示或隐藏"标准"工具栏。

（2）画控件。在窗体 Form1 内画一个文本框 Text1。再画三个名称分别为 Command1、Command2、Command3 的命令按钮。

（3）参考图 1-1。根据表 1-1 要求，利用属性窗口将窗体 Form1 的标题属性 Caption 改为"My First Program"。文本框 Text1 的 Text 属性值清空。三个命令按钮 Command1、Command2、Command3 的标题 Caption 属性分别设为"显示"、"隐藏"、"退出"。

表 1-1　控件属性列表

对　象	属　性	设　置　值
Form1	Caption	My First Program
Text1	Text1	清空
Command1	Caption	显示
Command2	Caption	隐藏
Command3	Caption	退出

（4）双击窗体或窗体内控件进入代码窗口。在代码窗口中给相应对象添加事件过程，即编写程序代码，该程序的代码如下。

```
Private Sub Command1_Click()
 Text1.Text = "欢迎使用 Microsoft Visual Basic6.0"
 Text1.Visible = True
End Sub
Private Sub Command2_Click()
 Text1.Visible = False
End Sub
Private Sub Command3_Click()
 End
```

```
End Sub
```
（5）按 F5 键或单击标准工具栏上的"启动"按钮或单击"运行" 菜单选择"启动" 命令调试运行程序。

（6）当程序调试成功后，保存工程。通过"文件"菜单下的"保存工程"命令，先保存窗体（窗体文件名为 Lx1-1.frm），然后保存工程（工程文件名为实验 1.vbp）。

（7）将工程编译成能脱离 VB 环境而独立运行的 EXE 文件。单击"文件"菜单选择"生成实验 1.exe"命令。关闭 VB 直接在 Windows 下运行"实验 1.exe"。

实验 1-2　添加窗体

在窗体 Form2 中添加两个名称分别为 Command1、Cmd2 的命令按钮，标题 Caption 属性分别设为"画圆"、"清除"。单击 Command1 则在窗体内画圆，单击 Cmd2 则将窗体清屏，运行时窗口如图 1-2 所示。

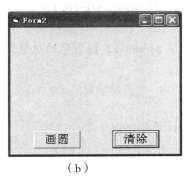

（a）　　　　　　　　　　（b）

图 1-2　运行效果

【实验步骤】

（1）双击"实验 1.vbp"打开 VB 集成环境。

（2）单击"工程"菜单选择"添加窗体"命令，在"添加窗体"对话框中的"新建"选项卡中双击"窗体"图标，即在"实验 1.vbp"中添加了窗体 Form2。

（3）在 Form2 添加两个命令按钮。

（4）参考图 1-2，根据表 1-2 要求，利用属性窗口将两个命令按钮 Command1、Command2 的标题 Caption 属性分别设为"画圆"、"清除"，Command2 的名称 Name 属性设为"Cmd2"。

表 1-2　控件属性列表

对　象	属　性	设　置　值
Command1	Name	Command1
	Caption	画圆
Command2	Name	Cmd2
	Caption	清除

（5）双击窗体或窗体内控件进入代码窗口，该程序的代码如下。

```
Private Sub Command1_Click()
 Circle (2200, 1500), 900    '对象名省略，默认为当前窗体
 Form2.Circle (2200, 1500), 500
 Me.Circle (2200, 1500), 1300   '当前窗体的代名词 Me
End Sub
Private Sub Cmd2_Click()
 Me.Cls    '清屏
End Sub
```

（6）当程序调试成功后，单击标准工具栏"保存工程"按钮，保存窗体（窗体文件名为 Lx1-2.frm）和工程文件(实验 1.vbp)。

（7）单击"工程"菜单选择"工程属性"命令，把启动对象改为"Form2"。按 F5 键或单击标准工具栏上的"启动"按钮或单击"运行"菜单选择"启动"命令调试运行程序。

实验 1-3 添加标准模块

添加标准模块 Module1，设置启动对象为 Sub Main，在标准模块中输入以下代码。

```
Sub main()
 Form1.show    '显示窗体 Form1
End Sub
```

在窗体 Form1 中添加以下事件过程。

```
Private sub form_click()
 Form1.hide    '隐藏窗体 Form1
Form2.show
End sub
```

在窗体 Form2 中添加以下事件过程：

```
Private sub form_click()
 Form2.visible=false
Form1.show
End sub
```

保存标准模块为 Lx1-3.bas。运行程序。

实验 1-4 窗体的移动

要求窗体沿着上、下、左、右四个不同的方向移动，程序窗体如图 1-3 所示。程序运行时，分别单击窗体上的"上"、"下"、"左"、"右"四个按钮，窗体会在相应方向移动。

【实验步骤】

1．界面设计

在"实验 1.vbp"添加窗体 Form4，并设置启动对象为 Form4。在窗体上放置 4 个命令按钮控件，如图 1-3 所示。

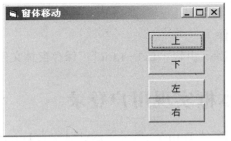

图 1-3　程序窗体

2. 属性设置

对象的属性设置如表 1-3 所示。

表 1-3　窗体与控件属性列表

对　　象	属 性 名 称	属 性 值
窗体	Name	Form1
	Caption	窗体移动
	Minbutton	False
	Maxbutton	Flase
	Borderstyle	1
命令按钮 1	Name	Cmdup
	Caption	上
命令按钮 2	Name	Cmddown
	Caption	下
命令按钮 3	Name	Cmdleft
	Caption	左
命令按钮 4	Name	Cmdright
	Caption	右

3. 添加程序代码

```
Private Sub Cmddown_Click()
    Form1.Top = Me.Top + 100
End Sub
Private Sub Cmdleft_Click()
    Me. Left = Me.Left - 100
End Sub
Private Sub Cmdright_Click()
    Left = Me.Left + 100
End Sub
Private Sub Cmdup_Click()
    Top = Me.Top - 100
```

```
End Sub
```
4. 运行程序并保存文件

运行程序，观察运行结果，并以"Lx1-4.frm"保存窗体文件。

实验 1-5 用文本框实现用户登录

在"实验 1.vbp"添加窗体 Form5，并设置启动对象为 Form5。依照图 1-4 画控件。

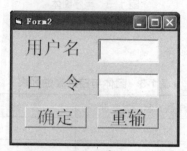

图 1-4 窗体界面

参照表 1-4 设置对象属性。

表 1-4 窗体与控件属性列表

对 象	属 性	设 置 值
Form2	Name	Frm2
	Caption	用户登录
Label1	Name	Label1
	Caption	用户名
Label2	Name	Label2
	Caption	口令
Text1	Name	Text1
	text	置空
Text2	Name	Text2
	text	置空
	passwordchar	*
Command1	Name	Command1
	Caption	确定
Command2	Name	Command2
	Caption	重输

程序运行时，在 Text1 中输入用户名，在 Text2 中输入口令(显示为*)。单击"确定"按钮，判定并显示用户是否合法。单击"重输"按钮，则清空两个文本框内容，并将光标停留在第一个文本框中。

程序代码如下：
```
Private Sub Command1_Click()
```

```
 If Text1.Text = "username" And text2.text= "123" Then
   MsgBox "合法用户，欢迎使用"
 Else
   MsgBox "非法用户，谢绝使用"
 End If
End Sub
Private Sub Command2_Click()
  Text1.Text = "" : Text2.Text ="" ' 文本框的清除
  Text1.setfocus     '文本框 text1 获得焦点
End Sub
```

运行程序，观察运行结果，并以"Lx1-5.frm"保存窗体文件。

思考题

1．开发应用程序的一般步骤是什么？

2．VB 运行模式有哪三种？

3．vbg、vbp、.frm、.bas、cls、.res 六类文件有何关系？哪两类文件是不可缺少的？

4．VB 中有哪两类启动对象？如何设置？

5．把实验 1-4 改成 Move 方法实现同样的功能，如何修改？

6．把实验 1-5 中的两个命令去掉，利用两个文本框的 Lostfocus 事件对用户名和口令进行合法性检查。如果用户名或口令不对，立即清除两个文本框内容，光标到文本框 1。修改程序实现它。

实验 2
Visual Basic 基础

实验目的

- 熟悉 Visual Basic 集成开发环境；
- 掌握 Visual Basic 的数据类型和变量定义方法；
- 正确使用 Visual Basic 的运算符和表达式；
- 掌握赋值语句、Print 方法及常用内部函数的使用。

重点与难点

- 数据类型和变量定义；
- 混合运算和优先级；
- 常用内部函数。

　　本实验主要是验证性实验。通过验证 VB 运算符、表达式、内部函数，在简单程序中声明变量、使用赋值语句和 Print 方法，来巩固 VB 基础知识，为进一步学习 VB 程序设计打好基础。

实验 2-1　在立即窗口中验证表达式

　　在 VB 开发环境中，选择"视图"菜单下的"立即窗口"，打开立即窗口，如图 2-1 所示。在立即窗口中显示表达式值的方法是先输入 Print 或?，再输入一个空格，接着输入表达式，最后按回车键。通过立即窗口可以验证各种运算符、表达式和内部函数，进而熟悉它们的用法。

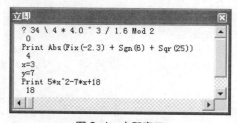

图 2-1　立即窗口

1．验证运算符及表达式

打开立即窗口，依次键入验证实验的内容。

执行命令后，请把运行结果写在对应的位置。

实验时应注意命令、运算符、函数等的格式、功能，比较、分析不同参数的执行结果。要求在模仿的基础上要多思考，避免把验证性实验当成"金山打字通"打字练习。

注意！注释符 REM、"'"(英文单引号)及后面的注释内容不必输入。打印输出方法"Print"可用"?"代替。标点符号必须用英文、半角输入，不区分大小写。

（1）算术运算符

X=5   ' 把常量 15 赋给变量 X

Y=12

Z=2

? X, Y, X + Y, X － Y   ' 以分区格式输出

结果＿＿＿＿＿＿＿＿＿＿＿＿＿＿＿＿＿＿＿＿＿＿

? X; Y; X + Y; X － Y   ' 以紧凑格式输出

结果＿＿＿＿＿＿＿＿＿＿＿＿＿＿＿＿＿＿＿＿＿＿

Print X; Y; X + Y; X － Y   '? 与 Print 语句功能完全相同

结果＿＿＿＿＿＿＿＿＿＿＿＿＿＿＿＿＿＿＿＿＿＿

Print X; Y; X + Y; Y － X   ' 查看负数与正数的符号占位

结果＿＿＿＿＿＿＿＿＿＿＿＿＿＿＿＿＿＿＿＿＿＿

? X * Y, X / Y, X^Z   ' 运算符^（在"6"键上面）为乘方

结果＿＿＿＿＿＿＿＿＿＿＿＿＿＿＿＿＿＿＿＿＿＿

? Y/X,Y\X   ' 运算符\为整除

结果＿＿＿＿＿＿＿＿＿＿＿＿＿＿＿＿＿＿＿＿＿＿

? Y Mod X, Y Mod Z X Mod Y   ' 运算符 Mod 为求模取余，简称取余

结果＿＿＿＿＿＿＿＿＿＿＿＿＿＿＿＿＿＿＿＿＿＿

? 3 Mod 12, 15 Mod 12   ' 时钟的模为 12，故 3 点与 15 点相同

结果＿＿＿＿＿＿＿＿＿＿＿＿＿＿＿＿＿＿＿＿＿＿

? 5 Mod 2, 6 Mod 2   ' 偶数除 2 余 0，奇数除 2 余 1

结果＿＿＿＿＿＿＿＿＿＿＿＿＿＿＿＿＿＿＿＿＿＿

（2）字符串运算符

REM 比较字符串运算符+、&的相同点与不同点

? "100" + "123"

结果＿＿＿＿＿＿＿＿＿＿＿＿＿＿＿＿＿＿＿＿＿＿

? "100" & "123"

结果＿＿＿＿＿＿＿＿＿＿＿＿＿＿＿＿＿＿＿＿＿＿

? "100" + 123

结果＿＿＿＿＿＿＿＿＿＿＿＿＿＿＿＿＿＿＿＿＿＿

? "100" & 123

结果＿＿＿＿＿＿＿＿＿＿＿＿＿＿＿＿＿＿＿＿＿＿

? 100 + 123

结果_____

? 100 & 123

结果_____

? "abc" + 123

结果_____

? "abc" & "123"

结果_____

（3）日期运算

? #2014-5-1# + 100   '计算 2014 年 5 月 1 日往后 100 天的日期

结果_____

? #2014-5-1# - 100   '计算 2014 年 5 月 1 日向前 100 天的日期

结果_____

? #2014/10/1# - #1988/10/1#   '两个日期之间的天数

结果_____ （提示：计算自己出生多少天。）

? date()-#1990/5/1#   '1990 年 5 月 1 日到今天的天数

结果_____

（4）关系运算符

A=5

B=3

C=2

? A > B   '比较数值的大小

结果_____

? C > B, A = B + C, B >= C, C <= A

结果_____

? "A" = "a"   '比较字符的 ASCII 码大小

结果_____

? "A" < "a"; "8"> "a"; "a"<"b"; "X">="Y";"1"<="2"

结果_____

? "ABS" > "ABC"   '从左到右逐个字符比较

结果_____

? "XYZ" <= "XY"

结果_____

? "计算机" = "电脑"

结果_____

? "China" Like "*in*"

结果_____

? "13907451234" Like "???0745*"

结果_____

姓名="李小强"

? 姓名 Like "李*"

结果＿＿＿＿＿＿＿＿＿＿＿＿＿＿＿＿＿＿＿＿＿＿＿＿＿＿＿＿＿＿＿

姓名="李艳"

? 姓名 Like "李*"

结果＿＿＿＿＿＿＿＿＿＿＿＿＿＿＿＿＿＿＿＿＿＿＿＿＿＿＿＿＿＿＿

姓名="张艳"

? 姓名 Like "燕*"

结果＿＿＿＿＿＿＿＿＿＿＿＿＿＿＿＿＿＿＿＿＿＿＿＿＿＿＿＿＿＿＿

（5）逻辑运算符

REM 检查 X 是否在某个区间

X=78

? X >= 70 And X < 80   ' X 是否在[70，80)之间

结果＿＿＿＿＿＿＿＿＿＿＿＿＿＿＿＿＿＿＿＿＿＿＿＿＿＿＿＿＿＿＿

X=88   ' 重新赋值

? X >= 70 And X < 80

结果＿＿＿＿＿＿＿＿＿＿＿＿＿＿＿＿＿＿＿＿＿＿＿＿＿＿＿＿＿＿＿

REM 检查各科成绩中是否有不及格的情况

Math=77

English=90

Programing=85

? Math < 60 Or English <60 Or Programing <60

结果＿＿＿＿＿＿＿＿＿＿＿＿＿＿＿＿＿＿＿＿＿＿＿＿＿＿＿＿＿＿＿

English=50   ' 重新赋值

? Math < 60 Or English <60 Or Programing <60

结果＿＿＿＿＿＿＿＿＿＿＿＿＿＿＿＿＿＿＿＿＿＿＿＿＿＿＿＿＿＿＿

REM 招聘技术人员，要求：年龄在[30,50]之间，男性，职称为"技师"或"工程师"

年龄=35

性别="男"

职称="工程师"

? 年龄>=30 And 性别="男" And (职称="工程师" Or 职称="技师")

结果＿＿＿＿＿＿＿＿＿＿＿＿＿＿＿＿＿＿＿＿＿＿＿＿＿＿＿＿＿＿＿

职称="技师"   ' 重新赋值

? 年龄>=30 And 性别="男" And (职称="工程师" Or 职称="技师")

结果＿＿＿＿＿＿＿＿＿＿＿＿＿＿＿＿＿＿＿＿＿＿＿＿＿＿＿＿＿＿＿

年龄=60   ' 重新赋值

? 年龄>=30 And 性别="男" And (职称="工程师" Or 职称="技师")

结果＿＿＿＿＿＿＿＿＿＿＿＿＿＿＿＿＿＿＿＿＿＿＿＿＿＿＿＿＿＿＿

REM 检查女性中是少数民族的人员

民族="苗"

性别="女"

? Not 民族="汉" And 性别="女"

结果_____

民族="壮"   '重新赋值

? Not 民族="汉" And 性别="女"

结果_____

民族="汉"   '重新赋值

性别="男"   '重新赋值

? Not 民族="汉" And 性别="女"

结果_____

（6）混合运算优先级

REM 先用手工计算以下表达式，再通过立即窗口检验

? 2^3 * 4 + 9/3 − Abs(−8) / (16 \ 4 Mod 28)

结果_____

? 2^3 * 4 + 9/3 − Abs(−8) / 16 \ 4 Mod 28

结果_____

? Not 9> 3 * 4 + 5 And 3^2 = 15 − 6 Or Sqr(36) >= 15 Mod 16 / 2

结果_____

2. 验证内部函数、运算符及表达式

（1） 数学函数

X=3.1415926

? Abs(X)

结果_____

? Abs(−X)

结果_____

? Sqr(9)

结果_____

? Fix(X)

结果_____

? Fix(−X)

结果_____

? Int(X)

结果_____

? Int(−X)   ' 比较 Fix()与 Int()的不同

结果_____

? Exp(1)

结果_____

? Exp(2)

结果_____

? Log(2)

结果_____

? Log(2)/Log(10)   ' 用换底公式计算 2 的常用对数

结果＿＿＿＿＿＿＿＿＿＿＿＿＿＿＿＿＿＿＿＿＿＿＿＿＿＿＿＿

? Round(X,4)

结果＿＿＿＿＿＿＿＿＿＿＿＿＿＿＿＿＿＿＿＿＿＿＿＿＿＿＿＿

? Round(X,3)

结果＿＿＿＿＿＿＿＿＿＿＿＿＿＿＿＿＿＿＿＿＿＿＿＿＿＿＿＿

? Round(X,2)

结果＿＿＿＿＿＿＿＿＿＿＿＿＿＿＿＿＿＿＿＿＿＿＿＿＿＿＿＿

? Round(X,1)

结果＿＿＿＿＿＿＿＿＿＿＿＿＿＿＿＿＿＿＿＿＿＿＿＿＿＿＿＿

? Round(X,0)

结果＿＿＿＿＿＿＿＿＿＿＿＿＿＿＿＿＿＿＿＿＿＿＿＿＿＿＿＿

? Sgn(0)

结果＿＿＿＿＿＿＿＿＿＿＿＿＿＿＿＿＿＿＿＿＿＿＿＿＿＿＿＿

? Sgn(-X)

结果＿＿＿＿＿＿＿＿＿＿＿＿＿＿＿＿＿＿＿＿＿＿＿＿＿＿＿＿

? Sgn(X*100)

结果＿＿＿＿＿＿＿＿＿＿＿＿＿＿＿＿＿＿＿＿＿＿＿＿＿＿＿＿

? Sin(30)

结果＿＿＿＿＿＿＿＿＿＿＿＿＿＿＿＿＿＿＿＿＿＿＿＿＿＿＿＿

? Sin(30*3.1415926/180)

结果＿＿＿＿＿＿＿＿＿＿＿＿＿＿＿＿＿＿＿＿＿＿＿＿＿＿＿＿

（2）字符串函数

? Asc("A")   ' 输出字符 "A" 的 ASCII 码

结果＿＿＿＿＿＿＿＿＿＿＿＿＿＿＿＿＿＿＿＿＿＿＿＿＿＿＿＿

? Asc("B")

结果＿＿＿＿＿＿＿＿＿＿＿＿＿＿＿＿＿＿＿＿＿＿＿＿＿＿＿＿

? Asc("ABC")

结果＿＿＿＿＿＿＿＿＿＿＿＿＿＿＿＿＿＿＿＿＿＿＿＿＿＿＿＿

? Asc("a")

结果＿＿＿＿＿＿＿＿＿＿＿＿＿＿＿＿＿＿＿＿＿＿＿＿＿＿＿＿

? Asc("1")

结果＿＿＿＿＿＿＿＿＿＿＿＿＿＿＿＿＿＿＿＿＿＿＿＿＿＿＿＿

? Chr$(65)   ' 输出 ASCII 码为 65 的字符

结果＿＿＿＿＿＿＿＿＿＿＿＿＿＿＿＿＿＿＿＿＿＿＿＿＿＿＿＿

? Chr(65)

结果＿＿＿＿＿＿＿＿＿＿＿＿＿＿＿＿＿＿＿＿＿＿＿＿＿＿＿＿

? Chr(66)

结果＿＿＿＿＿＿＿＿＿＿＿＿＿＿＿＿＿＿＿＿＿＿＿＿＿＿＿＿

? "123" + Str(456)

结果_____

? "123" + Str(−456)

结果_____

? "123" + CStr(123) ' 比较 Str()、CStr()二者功能

结果_____

? Val("123")

结果_____

? Val("123abc")

结果_____

? Val("abc123")

结果_____

PC="Computer"

? Lcase$(PC)

结果_____

? Lcase(PC)

结果_____

? Ucase$(PC)

结果_____

? Ucase(PC)

结果_____

ZG="中华人民共和国"

? Left$(PC,2)

结果_____

? Left(ZG,2)

结果_____

? Right(PC,3)

结果_____

? Right$(ZG,3)

结果_____

? Mid(PC,3,2)

结果_____

? Mid(ZG,3,2)

结果_____

? Len(ZG)

结果_____

? Len(PC)

结果_____

? "湖南" & space(2) & "长沙"

结果_____

? "湖南" & spc(2) & "长沙"

结果_____

? "湖南" ;spc (2); "长沙"

结果_____

? "9876" & "□□□5432□□□", "9876" & Trim("□□□5432□□□")   ' □为空格

结果_____

? "中国" & "   湖南   ", "中国" & Trim("   湖南   ")

结果_____

? StrReverse("ABCD")

结果_____

? StrReverse("上海")

结果_____

REM 判断数值型数据有多少位

X=123

? Len(X)

结果_____

X=321

? Len(X)

结果_____

X=123

? Str(X)

结果_____

? Len(Str(X))

结果_____

? Len(LTrimStr(X))

结果_____

? Len(RTrimStr(X))

结果_____

? Len(TrimStr(X))

结果_____

（3）日期和时间函数

REM 请先校准计算机的系统日期、时间

? Date()

结果_____

? Date

结果_____

? Now

结果_____

? time

结果_____

? DateValue("2013/2/14")

结果_____

? Day(#2008/10/18#)

结果_____

? Month(#2008/06/07#)

结果_____

? Year(#2009−10−1#)

结果_____

? WeekDay(day(Now))

结果_____

? WeekDayName(WeekDay(day(Now)))

结果_____

? WeekDayName(WeekDay(day(Now)))

结果_____

（4）随机函数

? Rnd()

结果_____

? Rnd

结果_____

Randomize

? Int(Rnd*90)+10   ' 随机产生 2 位整数，反复执行多次验证

结果_____

? Int((Rnd*90+10))   ' 随机产生 2 位整数，反复执行多次验证

结果_____

3. 先手工计算下列表达式的值，然后在立即窗口中验证

（1）34 \ 4 * 4.0 ^ 3 / 1.6 Mod 2   该表达式的值为_____

（2）Abs(Fix(−2.3) + Sgn(6) + Sqr(25))   该表达式的值为_____

（3）"ABC" + "567" & "765"   该表达式的值为_____

（4）133.15 + "0.85" = 134   该表达式的值为_____

（5）"BCD" >= "ABCFF" And "45" < "7"   该表达式的值为_____

（6）9 > 8 > 6 Or Not (10 + 2 >= 10)   该表达式的值为_____

（7）Not True Or True And True Or False   该表达式的值为_____

4. 写出下列数学表达式对应的 Visual Basic 表达式

假设 x = 3，y = 7，在立即窗口中输出表达式的值

（1）$5x^2 - 7x + 18$

对应的 Visual Basic 表达式为_____ ， 计算结果为_____。

（2）$$\frac{3\sin 33° + \sqrt{19}}{3x^2 + 19y^2}$$

对应的 Visual Basic 表达式为_____，计算结果为_____。

（3）$\log_{10}30+e^{3x}$

对应的 Visual Basic 表达式为_____，计算结果为_____。

实验 2-2 变量声明、赋值语句和 Print 方法的使用

（1）在窗体上放一个命令按钮 Command1，对其 Click 事件过程编写如下代码。

```
Private Sub Command1_Click()
  Dim a%, b&, c!, d#, e@, f$
  Dim g As String * 4
  Const w As Double = 8.7456328
  a = w: b = w: c = w: d = w: e = w
  f = "VB欢迎你!": g = "VB欢迎你!"
  Print a: Print b: Print c
  Print d: Print e: Print f: Print g
End Sub
```

程序运行后，单击命令按钮，显示如图 2-2 所示结果。

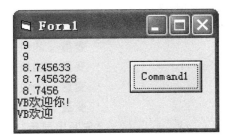

图 2-2 程序运行界面

思考：给变量 a、b、c、d、e 赋予相同的值 w 和给变量 f、g 赋予相同的值 "VB 欢迎你！"，为何在输出时它们的值有所不同？数值类型前面为何有空格？

（2）给定一个两位正整数(如 36)，交换个位数和十位数的位置，把处理后的数显示在窗体上。给窗体单击事件 Click 过程编写如下代码。

```
Private Sub Form_Click()
  Dim x As Integer, a As Integer
  Dim b As Integer, c As Integer
  x = 36
  a = Int(x / 10)          ' 求商取整，得十位数
  b = x Mod 10             ' 求余数，得出个位数
  c = b * 10 + a           ' 生成新的数
  Print "处理后的数: "; c
End Sub
```

思考：程序中 a 表示的是十位上的数字，也可以写成：a =_____；b 表示的是个位上的数字，也可以写成：b =_____。

实验 2-3　　根据程序功能填空，并运行程序加以验证

（1）下面是窗体单击事件 Click 的过程代码，功能是随机产生一个三位正整数，然后逆序输出。例如产生的随机数为 123，则输出的逆序数为 321。请填空把程序补充完整。

```
Private Sub Form_Click()
  Dim x As Integer, y As Integer
  x = _____          ' 产生一个随机三位正整数
  a = _____          ' 得到百位上的数字
  b = _____          ' 得到十位上的数字
  c = _____          ' 得到个位上的数字
  y = 100 * c + 10 * b + a
  Print "产生的随机三位数为:"; x
  Print "对应的逆序数为: "; y
End Sub
```

（2）在窗体上放一个名称为 Command1 的命令按钮，然后使用字符串内部函数，编写如下事件过程。

```
Private Sub Command1_Click()
  a$ = "abbacddcba": b$ = "ba"
  x = Mid(a, 2, 2)                  ' 变量 x 的值为_____
  p = InStr(Len(b), a, b)           ' 变量 p 的值为_____
  y = Left(a, p)                    ' 变量 y 的值为_____
  z = Right(a, p)                   ' 变量 z 的值为_____
  Print UCase(x & y & z)            '先写出显示结果:_____
End Sub
```

请在注释中填空，之后，运行程序，单击命令按钮，窗体上显示的内容为_____。

PART 3

实验 3
顺序程序设计

实验目的

- 理解对象、属性、事件、方法等面向对象程序设计的基本概念；
- 熟悉 Visual Basic 的集成开发环境；
- 掌握基本控件（命令按钮、文本框和标签）的基本使用方法；
- 掌握赋值语句及输入、输出对话框（InputBox 和 MsgBox）的基本使用方法；
- 初步掌握 Visual Basic 程序设计的基本步骤。

重点与难点

- 赋值语句、Print 方法、InputBox 函数；
- 创建对象，格式编辑；
- 对象属性设置。

　　本实验为验证性实验结合初步的设计性实验。在老师的讲解、示范下，进一步熟悉 VB 的集成开发环境。通过简单的应用，了解面向对象的程序设计方法，初步掌握程序设计的基本步骤。

实验 3-1　求圆面积及球体积

　　【实验内容】已知半径，求圆面积及球体积。
　　【实验要求】输入半径后，能计算出圆面积、球体积。
　　程序设计的基本步骤如下。
　　算法 1　设计界面法
　　（1）需求分析
　　主要分析输入有哪些数据，输出有哪些数据，用什么方法实现等。
　　① 界面设计。新建一个标准 EXE 工程，在窗体对象(默认对象名为 Form1)中创建 1 个文

本框对象（默认对象名为 Text1）输入半径 R；创建 3 个标签对象(默认对象名分别为 Label1、Label2、Label3)分别提示 R、S、V，再创建 2 个标签对象(默认对象名分别为 Labe4、Label5) 分别用于输出圆面积 S、球体积 V，创建 3 个命令按钮(Command1、Command2、Command3)分别用于计算、清除、退出。界面设计如图 3-1 所示。

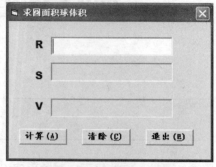

图 3-1　界面设计

② 考虑到半径 R 有小数，应定义变量 R 为单精度或双精度，面积 S 及球体积 V 也为单精度或双精度。

③ 有了半径，如何求得圆面积、球体积？这需要建立相应的数学模型（数学公式），古今中外数学家们经过长期、艰苦的探索，已发现其公式分别为：$S = \pi R^2$，$V = 4/3 \times \pi \times R^3$，其中：常量 $\pi = 3.141\,592\,653\,5\cdots\cdots$是一个无理数。目前为止，$\pi$ 的值已被算至小数点后 51 000 000 000 位。一般应用中，取 $\pi = 3.141\,6$ 即可。

④ 将文本框中输入半径的数据赋值给变量 R 后，用以上公式计算出圆面积、球体积。

⑤ 将结果放到标签 Label4、Label5 中显示，为与显示提示信息标签对象区别，可将结果标签加边框。用标签对象输出结果的好处是：用户不能对结果进行修改。若用文本框对对象输出结果，用户可以修改输出结果。

⑥ 为防止窗体最大化时破坏界面布局，将窗体最大化按钮屏蔽。为美观起见，可将最小化按钮屏蔽。

各对象属性设置如表 3-1 所示。

表 3-1　对象属性设置

序　号	对象类别	名　称	属 性 设 置
1	窗体	Form1	Caption:求圆面积球体积；MaxButton:False；MinButton:False
2	文本	Text1	Font：ArialBlack，16 号；Text：（清空）
3	标签	Label1	Caption:R；Font：Arial Black，16 号；AutoSize：True
4	标签	Label2	Caption:S；Font：Arial Black，16 号；AutoSize：True
5	标签	Label3	Caption:V；Font：Arial Black，16 号；AutoSize：True
6	标签	Label4	Font：ArialBlack，16 号；BorderStyle：1-Fixed Single
7	标签	Label5	Font：ArialBlack，12 号；BorderStyle：1-Fixed Single
8	命令按钮	Command1	Caption：计算(&A)；Font：楷体，加粗 10 号
9	命令按钮	Command2	Caption：清除(&C)；Font：楷体，加粗 10 号
10	命令按钮	Command3	Caption：结束(&E)；Font：楷体，加粗 10 号

（2）算法设计

单击【计算（<u>A</u>）】按钮后，发生 Command1_Click()事件。编写定义变量、从文本框中读入半径数据，圆面积用公式 $S=\pi R^2$ 计算，球体积用公式 $V=4/3\pi R^3$ 计算，输出结果通过给标签的 Caption 属性赋值实现等代码。圆面积保留 3 位小数，球体积保留 3 位小数。

单击【清除（<u>C</u>）】按钮后，发生 Command2_Click()事件，编写清除文本框(Text1)的 Text 属性，结果显示框（Label4、Label5）中的 Caption 属性并将光标定位到文本框中的代码。

单击【退出（<u>E</u>）】按钮后，发生 Command1_Click()事件，编写退出程序的代码。

（3）编程

（说明：注释符 " ' " 及后面的字符是用于说明的，可以不输入。）

【计算（<u>A</u>）】按钮单击过程代码如下。

```
Private Sub Command1_Click()
    Dim R!, S!, V!
    Const Pi! = 3.1416          '定义常量
    R = Text1.Text
    S = Pi * R ^ 2
    V = 4 / 3 * Pi * R ^ 3
    Label4.Caption = Round(S, 3)          '四舍五入保留 3 位小数
    Label5.Caption = Round(V, 4)          '四舍五入保留 4 位小数
End Sub
```

【清除（<u>C</u>）】按钮单击过程代码如下。

```
Private Sub Command2_Click()
    Text1.Text = ""        '给 Text 属性赋空串清除原来的数据
    Label4.Caption = ""
    Label5.Caption = ""
    Text1.SetFocus            '将光标移至 Text1 获得焦点
End Sub
```

【退出（<u>E</u>）】按钮单击过程代码如下。

```
Private Sub Command3_Click()
    End
End Sub
```

（4）调试

分别选择典型、苛刻、刁难性的数据输入，检查是否能够得出正确的结果。如：1、10、4.567(典型数据)；1.23E10、1E–2（苛刻数据）；1.2345E30、9.876E–10（刁难数据）。若发生错误，应如何修改程序？

不用鼠标，通过键盘用设置的热键（Alt+A、Alt+C、Alt+E），检验功能是否正常。

将用标签输出结果改成用文本框输出结果，应如何修改界面及程序？

（5）保存及编译

将窗体、工程文件重命名保存，并编译成可执行文件运行。

算法 2　对话框法

本算法无需设计界面，虽然界面不是很美观大方，但功能相同，还可省去设计界面的时间。

（1）需求分析

数据输入采用输入对话框函数 InputBox()，其独特的输入界面及灵活输入的功能可满足一般数据输入的需求。结果采用 Print 方法输出到窗体上，可通过程序代码灵活调整字体大小，非常方便。

（2）算法设计

从输入对话框中输入半径数据，圆面积通过公式 $S=\pi R^2$ 计算，球体积通过公式 $V=4/3\pi R^3$ 计算，结果直接输出到窗体中。圆面积保留 3 位小数，球体积保留 3 位小数。

采用窗体激活事件运行程序。

（3）编程

新建一个标准 EXE 工程，将窗体调整到适当大小，在代码窗口中选择对象为"Form"、过程为"Activate"。

```
Private Sub Form_Activate()
  FontSize = 20
  Dim R!, S!, V!
  Const Pi! = 3.1416
  R = InputBox("请输入半径")
  S = Pi * R ^ 2
  V = 4 / 3 * Pi * R ^ 3
  Print "S=" & Round(S, 3)
  Print "V=" & Round(V, 4)
End Sub
```

（4）调试

将圆面积、球体积改用 MsgBox()输出，调试运行。

实验 3-2 电子日历

【实验内容】电子日历。

【实验要求】能显示当前日期、星期、时间。

程序设计的基本步骤如下。

（1）界面设计

新建一个标准 EXE 工程，在窗体对象(默认对象名为 Form1)中创建 3 个标签对象(默认对象名分别为 Label1、Label2、Label3)分别用于显示日期、星期、时间。创建 1 个计时器对象(默认对象名为 Timer1) 用于计时。

设置各个对象的属性如表 3-2 所示。

表 3-2 对象属性设置

序 号	对象类别	名 称	属 性 设 置
1	窗体	Form1	Caption：电子日历；MaxButton：False；MinButton：False
2	标签	Label1	Font:楷体,12 号

序　号	对象类别	名　称	属 性 设 置
3	标签	Label2	Font：楷体，12 号 BorderStyle：1
4	标签	Label3	楷体，12 号 BorderStyle：1
5	计时器	Timer1	Interval：1000 Enabled：True

说明：将计时器对象的 Interval 属性设置为 1 000 的作用是，每隔 1 000 毫秒触发一次计时器 Timer 事件。

（2）算法设计

电子日历中的日期、时间取自计算机本身的日期、时间，使用日期时间函数获取日期、时间、星期。因此，运行程序之前，应校准计算机的系统日期、时间。

（3）编程

```
Private Sub Timer1_Timer()
    Dim Rq As String, Xq As String, Sj As String
    Rq = Format(Date, "dddddd")
    Xq = WeekdayName(Weekday(Date))
    Sj = Time()
    Label1.Caption = Rq
    Label2.Caption = Xq
    Label3.Caption = Sj
End Sub
```

程序运行的结果如图 3-2 所示。以上程序中的日期时间函数请参见教材。

图 3-2　电子日历

（4）调试

将 Rq = Format(Date, "dddddd")改为 Rq = Format(Date, "yyyy 年 mm 月 dd 日")，运行程序，查看结果。

将 Dim Rq As String 改为 Dim Rq Date，运行程序，查看结果。

实验 3-3　设计：盎司/克换算器

【实验内容】设计一个盎司（ounce 或 oz，金银等贵金属的计量单位）转换成克的计量换算器，1 盎司=28.349 523 125 克。

【实验要求】有输入界面；输入盎司后可直接换算成克；可反复使用。

本实验请自行完成。实验完成后，应提交调试通过的程序。

PART 4

实验 4
分支程序设计

实验目的

- 进一步熟悉 Visual Basic 的集成开发环境；
- 掌握单分支、双分支、多分支条件及选择情况语句的使用；
- 掌握分支结构嵌套的使用；
- 培养编写程序及调试程序的能力。

重点与难点

- 双分支、多分支条件及选择情况语句的使用；
- 分支结构嵌套。

　　本实验为验证性与简单设计性实验。在老师的讲解、示范下，完成验证性实验。在老师的指导下，完成简单设计性实验。

　　实验完成后，应提交调试通过的程序。

实验 4-1　双分支条件语句

【实验内容】采用设计界面（见图 4-1）实现摄氏温度℃与华氏温度 °F 互换，互换公式为：

图 4-1　摄氏华氏温度转换器界面

$$F = C \times 9/5 + 32$$
$$C = (F-32) \times 5/9$$

要求四舍五入保留 2 位小数。

解：应用程序界面如图 4-1 所示。程序运行时，在任何一个文本框中输入数据，单击"转换(T)"按钮，将摄氏温度(或华氏温度)转换成华氏温度(或摄氏温度)；单击【清除 R】按钮，清空两个文本框内容，并将光标停留在第一个文本框中。

1. 界面设计

创建 1 个窗体(Form1)、2 个标签(Label1、Label2)、2 个文本框(Text1、Text2)、2 个命令按钮(Command1、Command2)及 1 个图像(Image1)等 8 个对象。

对象的主要属性设置见表 4-1。

表 4-1 对象属性设置

序　号	对象类别	名　称	属 性 设 置
1	窗体	Form1	Caption: 华氏温度与摄氏温度互换 Maxbutton: False Minbutton: False
2	标签	Label1	AutoSize:True Caption: 摄氏 C Font: Arial Black，12 号
3	标签	Label2	AutoSize：True Caption: 摄氏 F Font：Arial Black，12 号
4	文本	Text1	Arial Black，12 号 Text: (清空，即把原来的内容删除) BackColor: 在调色板中选择浅灰色作背景
5	文本	Text2	Arial Black，12 号 Text: (清空，即把原来的内容删除)
6	命令按钮	Command1	Caption：转换(&T) Font: 楷体，10 号
7	命令按钮	Command2	Caption: 清除(&R) Font: 楷体，10 号
8	图像	Image1	Picture：(挑选合适的图片载入)

提示：在设置 2 个以上相同的对象属性时，可按住 Shift 键选择多个对象，然后通过【格式】菜单进行对齐，统一尺寸、水平间距、垂直间距等操作；也可设置相同字号、字体等属性。

2. 编程

（1）"转换（T）"按钮单击过程代码如下。

```
Private Sub Command1_Click()
  Dim F#, C#
  If Text1.Text = "" Then    ' 双引号中间不能空格
    C = (Val(Text2.Text) - 32) * 5 / 9
    Text1.Text = Round(C, 2)
  Else
```

```
            F = Val(Text1.Text) * 9 / 5 + 32
            Text2.Text = Round(F, 2)
        End If
    End Sub
```

（2）"清除（R）"按钮单击过程代码如下。

```
    Private Sub Command2_Click()
    Text1.Text = ""
    Text2.Text = ""
    Text1.SetFocus
End Sub
```

（3）调试

① 转换温度时，只能在一个文本框中输入数据；分别在两个文本框中输入数据，检查转换是否正确；分别用鼠标单击命令按钮、快捷键（通过键盘 Alt+T 或 Alt+R）检查各项功能是否正常。

② 将条件语句改成条件函数 IIf()，再运行程序。

实验 4-2　多分支条件语句

【实验内容】某国的收入调节税如表 4-2 所示。

表 4-2　收入调节税表

收　　入	调　节　税
3 000 以下	免征
3 000~5 000	5%
5 000 ~ 8 000	10%
8 000 ~10 000	15%
10 000 ~15 000	25%
15 000 以上	40%

编程求收入调节税。

【实验步骤】

（1）界面设计

界面如图 4-2 所示，属性设置参照实验 4-1。

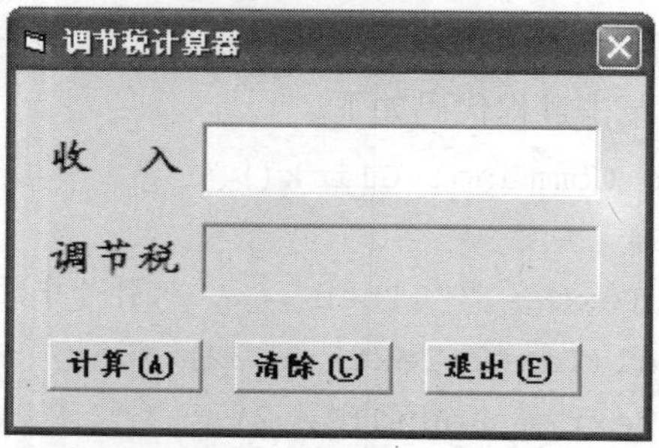

图 4-2　调节税界面

（2）算法设计

设收入为 Income，货币型；税为 Tax，货币型。

由于分支比较多，用多分支语句比较恰当。设置条件时，采用从底端开始的"筛选法"，先将 Income<=3 000 "筛选"出来，这部分是不收调节税的，剩下的是 Income>3 000；再将 Income<=5 000 的"筛选"出来，这部分是收 5%调节税的，剩下的是 Income>5 000；再将 Income<=8 000 的"筛选"出来，这部分是收 10%调节税的，剩下的是 Income>8 000；……

单击【计算 A】按钮后，发生 Command1_Click()事件，编写定义变量，从文本框中读入收入数据，用多分支语句筛选后计算出相应的调节税，输出结果通过给标签的 Caption 属性赋值实现。调节税 Tax 保留 2 位小数。

单击【清除 C】按钮后，发生 Command2_Click()事件，编写清除文本框(Text1)的 Text 属性，结果显示框（Label4）中的 Caption 属性并将光标定位到文本框中的代码。

单击【退出 E】按钮后，发生 Command3_Click()事件，编写退出程序的代码。

（3）编程

【计算（A）】按钮单击过程代码如下。

```
Private Sub Command1_Click()
    Dim Income@, Tax@
    Income = Val(Text1.Text)
    If Income <= 3000 Then
      Tax = 0
    ElseIf Income <= 5000 Then
      Tax = (Income - 3000) * 0.05
    ElseIf Income <= 8000 Then
      Tax = 2000 * 0.05 + (Income - 5000) * 0.1
    ElseIf Income <= 10000 Then
      Tax = 2000 * 0.05 + 3000 * 0.1 + (Income - 8000) * 0.15
    ElseIf Income <= 15000 Then
      Tax = 2000*0.05 + 3000 * 0.1 + 2000 * 0.15 + (Income - 10000)
* 0.25
    Else
      Tax = 2000*0.05+3000 *0.1+2000 *0.15+5000*0.25 + (Income -
15000) * 0.4
    End If
    Label4.Caption = Round(Tax, 2)
End Sub
```

【清除（C）】、【退出（E）】按钮单击过程代码请自行编写。

（4）调试

分别选择典型、苛刻、刁难性的数据输入，检查是否能够得出正确的结果。如：2 000、4 567.78、12 345.67、34 567.89 (典型数据）；1.234E15（苛刻数据）；−123.45（刁难数据）。若发生错误，应如何修改程序？

实验 4-3　设 计：数字/中文大写转换器

【实验内容】使用输入对话框从键盘上输入 0~9 的数字，将其翻译成对应的中文大写（零、壹、贰、叁、肆、伍、陆、柒、捌、玖）。

【实验要求】以消息框的形式输出；若输入内容不是 0~9，则给出"输入错误，请重新输入"的信息提示。

本实验请自行完成，并提交调试通过的程序。

提示：由于输入有 0~9 共 10 种情况，采用选择情况语句 Select Case/End Select 可以更便捷地解题。

实验5 循环程序设计（1）

实验5　循环程序设计（1）

实验目的

- 了解循环的基本概念；掌握 For/Next 循环的功能、执行过程；
- 初步掌握递推、穷举算法的基本方法；
- 能用 For/Next 解决简单问题。

重点与难点

- For/Next 循环的执行过程；
- 递推、穷举算法。

　　本实验为验证性、简单设计性实验。同学们自行完成验证性实验。在老师的指导下，完成简单设计性实验。

实验5-1　验证判断素数的三个程序

【实验内容】验证素数判断的三个程序。

算法1（标志判断法）

```
Dim I%, X%, Flag As Boolean
Flag = True
X = InputBox("输>1 的正整数")
If X <= 1 Then Flag = False
For I = 2 To X - 1               '或为 Sqr(X)
  If X Mod I = 0 Then
    Flag = False
    Exit For
  End If
Next
If Flag Then                     ' 也可将条件写为: Flag = True
```

```
        Print X & "是素数"
    Else
        Print X & "是合数"
    End If
```

算法 2（循环变量判断法）

```
Dim I%, X%
X = InputBox("输>1 的正整数")
If  X <= 1 Then  I = 1
For I = 2  To X - 1
  If  X  Mod  I = 0 Then
    Exit  For
  End If
Next
If  I = X  Then              ' 或 I > X -1
    Print  X  &  "是素数"
Else
    Print  X  &  "是合数"
End If
```

算法 3（计数判断法）

```
Dim I%, X%, Count%
X = InputBox("输>1 的正整数")
If  X <= 1 Then Count = 3
For I = 1 To X
  If  X  Mod  I = 0  Then
    Count = Count + 1
   End If
Next
If Count = 2 Then
   Print  X  &  "是素数"
Else
   Print  X  &  "是合数"
End If
```

【实验要求】熟练掌握算法 1，掌握算法 2，了解算法 3。

【实验讨论】若将标志变量 Flag 改逻辑型为整型，能否判断素数？若能，如何修改程序？

实验 5-2 For/Next 语句

【实验内容 1】用 For/Next 语句编程求：S=18!+19!+20!（见主教材 3.4 节练习题"三、编程题"第 1 题）。

解：某同学对此题编程如下。

```
Dim N%, S#, T#
  T=1
  For N=18 To 20 Step 1
    T=T*N
    S=S+T
  Next
  Print  S
```

以上程序是否正确？先按 For/Next 执行过程流程图对程序进行逐条语句分析，见表 5-1。

表 5-1　按 For/Next 流程图分析程序执行过程

循环次数	N	N>20(终值)	T=T*N	S=S+T	Next
第 1 次	18	18>20 .F.	T=18*1	S=0+18	N=18+1
第 2 次	19	19>20 .F.	T=18*19	S=18+18*19	N=19+1
第 3 次	20	20>20 .F.	T=18*19*20	S=18+18*19+18*19*20	N=20+1
第 4 次	21	21>20 .T.	不执行循环体,退出循环		

结果：S 为 7 200(=18+18*19+18*19*20)。

从运行过程可以看出：18! 被计算成 18，19! 的被计算成 18*19，20! 被计算成 18*19*20。与 18!=1*2*3*…*17*18，19!=1*2*3*…*17*18*19，20!= 1*2*3*…*17*18*19*20 相差甚远。

（1）算法分析

参考 S=1!+2!+3!+…+10!程序如下。

```
Dim I%, T&,Sum&
T=1
For I = 1 To 10
    T=T*I
    Sum=Sum+T
Next
Print "Sum="+Str(Sum)
```

按流程图逐步分析执行过程如表 5-2 所示。

表 5-2　按流程图逐条语句执行分析

循环次数	I	I>终值	T=T*I	Sum=Sum+T	Next
第 1 次	1	1>10 .F.	T=1*1	Sum=0+1!	I=1+1
第 2 次	2	2>10 .F.	T=(1) *2	Sum=(1!)+2!	I=2+1
第 3 次	3	3>10 .F.	T=(1*2) *3	Sum=(1!+2!)+3!	I=3+1
……	……	……	……	……	……
第 10 次	10	10>10 .F.	T=(1*2*3*…) *20	Sum=(1!+2!+…)+10!	I=10+1
第 11 次	11	11>10 .T.	不执行循环体, 退出循环		

通过逐条语句执行分析知：

每执行一次循环，依次得到 1!，2!，3!，…，9!，10!，每得到一个阶乘，就求其累加。而本题，仅对 18 以上的阶乘进行累加。因此，可结合前面学习过的条件语句进行判断，对 18 以上的阶乘做累加，其他的不累加。

（2）编程

```
Dim N%, S#, T#
 T=1
 For N=1 To 20 Step 1
   T=T*N
   If N>= 18 Then
      S=S+T
   End If
 Next
 Print  S
```

运行结果为：2.5609494822912E+18（即 $2.5609494822912 \times 10^{18}$）

（3）调试检查

为检查以上程序及结果是否正确，可改为简单且容易得到正确结果的求 2!+3!+4!进行检验，其正确结果应为：2+6+24=32。将 For N=1 To 20 Step 1 修改为 For N=1 To 4 Step 1，将 If N>= 2 Then 修改为 If N>= 2 Then。然后，运行修改程序检查结果是否为 32？

再用求 3!+4!+5!进行检查，其正确结果应为：6+24+120=150。将 For N=1 To 20 Step 1 修改为 For N=1 To 5 Step 1，将 If N>= 18 Then 修改为 If N>= 3 Then。然后，运行修改程序检查结果是否为 150？

以上这种用类似数学归纳法的方法、用简单数据代替复杂数据，从而检验程序的正确性，这是检查编程是否正确的常用方法之一。

【实验内容 2】用 For…Next 语句编程求：P=15!+17!+19!（见主教材 3.4 节练习题"三、编程题"第 2 题）。

解：某同学对此题编程如下。

```
Dim N%, P#, T#
 T=1
 For N=1 To 19 Step 2
   T=T*N
   If N>= 15 Then
      P=P+T
   End If
 Next
 Print  P
```

以上程序是否正确？先按 For/Next 执行过程流程图对程序进行逐条语句分析，如表 5-3 所示。

表 5-3　按 For/Next 流程图分析程序执行过程

循环次数	N	N>19(终值)	T=T*N	Next
第 1 次	1	1>19　.F.	T=1*1	N=1+2
第 2 次	3	3>19　.F.	T=1*3	N=3+2
第 3 次	5	5>20　.F.	T=1*3*5	X=5+2
…	…	……	……	…

它的计算结果为(1*3*5*…*15) + (1*3*5*…*17) + (1*3*5*…*19)，只进行了奇数相乘，并不是阶乘。由分析可见，步长不能为 2。

（1）算法分析

参考 S=18!+19!+20!正确的程序，结合它只对 N 大于 15 的奇数阶乘累加，偶数的阶乘不累加。因此，只要在此基础上增加另一个奇数判断的条件 N Mod 2=1 就行了。两个条件同时成立，用 And 连接即可。

（2）编程

```
Dim N%, P#, T#
  T=1
  For N=1 To 19 Step 1
    T=T*N
    If N>= 15 And  N Mod 2=1  Then
      P=P+T
    End If
  Next
  Print P
```

（3）调试检查

如何检查验证程序是否正确，请自行完成。

【实验内容 3】用 For…Next 语句编程求：r=5!+8!+11!+14!+17!（见主教材 3.4 节练习题"三、编程题"第 3 题）。

解：此题与 P=15!+17!+19!相似，关键是找出 5、8、11、14、17 这些数字有什么规律。

提示：

将这些数除以 2 余什么？除以 3 余什么？

编程与检验自行完成。

实验 5-3　设计：简单考试系统

【实验内容】设计一个考试系统。具有以下功能：

有界面设计；

随机出 10 道二位数以内的加法题；

考试限时 10 分钟；

自动评分。

【实验要求】界面美观大方，程序正确。

本设计请自行完成，实验完成后，应提交调试通过的程序。

实验 6
循环程序设计（2）

实验目的

- 掌握 5 种 Do/Loop 循环的功能；
- 掌握循环嵌套的执行过程；
- 进一步提高编程能力；
- 能解决一般实际应用问题。

重点与难点

- 算法设计；
- Do/Loop 循环；
- 循环嵌套。

　　本实验为验证性实验、一般设计性实验。实验应在教师的指导下，自己设计界面、构建算法、编写程序、调试运行，提高编制和调试程序的能力。实验完成后，应提交调试通过的程序。

实验 6-1　Do/Loop 语句

　　【实验内容】根据公式：$\pi/2=1+1/3+1/3\times2/5+1/3\times2/5\times3/7+1/3\times2/5\times3/7\times4/9+\cdots$，求 π(圆周率)的近似值。当最后一项的值小于 0.000 5 时停止计算，四舍五入保留小数点后 6 位。

　　【实验步骤】

1．算法分析

　　（1）将原级数数列的第 1 项除开，剩下有规律的无穷级数：

$1/3+1/3\times2/5+1/3\times2/5\times3/7+1/3\times2/5\times3/7\times4/9+\cdots$

　　（2）用 N 表示项数，则：

　　第 1 项为 T，$T=1/(2\times1+1)$

第 2 项 T 为前一项（第 1 项）的 T 乘以 2/(2×2+1)，(1/3)×2/(2×2+1)

第 3 项 T 为前一项（第 2 项）的 T 乘以 3/(2×3+1)，(1/3×2/5)×3/(2×3+1)

第 4 项 T 为前一项（第 3 项）的 T 乘以 4/(2×4+1)，(1/3×2/5×3/7)×4/(2×4+1)

......

第 N 项 T 为前一项（第 N-1 项）的 T 乘以 N/(2×N+1)，T× N/(2×N+1)

根据以上分析，后一项的 T 是由前一项的 T 乘以 N/(2×N+1)得到。其中第 1 项可将其写成初值为 1 的 T 乘以 N/（2×N+1）。这样，反复执行的部分是 T=T× N/(2×N+1)。

（3）由于事先不知道要加多少次（即循环多少次）才能满足要求，采用 Do/Loop 循环比较好。考虑到当最后一项 T 的值小于 0.0005 时停止累加（不循环），即当 T 大于或等于 0.0005 时需要累加（循环），故采用 Do While T >= 0.0005 作为循环条件（也可采用 Do Until T < 0.0005 作为循环条件）。

（4）用累加器 Sum 将每一项 T 累加，考虑到原来数列的第 1 项为 1，可设 Sum 初值为 1。

（5）每累加一次(循环一次)后，N 的值应增加 1。

（6）考虑到 T、Sum 中有分数，应声明为单精度或双精度。

（7）Pi 的值应是 Sum*2 后的结果。

（8）用格式函数实现四舍五入保留小数点后 6 位。

2．编程

```
Dim Sum#, T#, N%
Sum = 1: T = 1: N = 0
Do While (T > 0.0005)
  N = N + 1
  T = T * N / (2 * N + 1)
  Sum = Sum + T
Loop
Print "Pi="; Format(Sum * 2, "#.######")
```

3．检查验证

分析程序的执行过程，检查开始 3 项是否按题目要求求和?

若将 N=N+1 语句移至 Sum=Sum+T 语句的后面，结果会怎样?

4．小结

使用 Do/Loop 循环时，应特别注意改变步长语句的位置，否则会出错。

实验 6-2 循环嵌套

【实验内容 1】梅森尼数是指能使 2^n-1 为素数的数 n，求[2，21]范围内有多少个梅森尼数。

解：此题用穷举法求解。

（1）算法分析

● 用外循环将[2，21]的数列出。设 N 为外循环变量，整型，初值为 2，终值为 21，步长为 1。

● 求出数 M（ $=2^N-1$ ），考虑到 2^N-1 比较大，声明为长整型。

● 再用内循环（设内循环变量为 I，整型，为加快运算，I 变化区间为 $2 \sim \sqrt{M}$ ，对每一个数 M 进行素数判断。

● 若 M 为素数，则 N 为梅森尼数，计数器 Count 加 1。

（2）编程

```
Dim n%, m&, i%, count%
Dim flag As Boolean
For n = 2 To 21
  flag = True
  m = 2 ^ n - 1
  For i = 2 To Sqr(m)
    If m Mod i = 0 Then
      flag = False
      Exit For
    End If
  Next
  If flag = True Then
  Print n, m
    count = count + 1
  End If
Next
Print "count=" & count
```

【实验内容 2】用一元纸币兑换一分、两分和五分的硬币，要求兑换硬币的总数为 50 枚，问共有多少种换法？（注：在兑换中，一分、两分或五分的硬币数可以为 0 枚。）

解：此题用穷举法求解，有 2 种算法。

算法 1   用双重循环求解

（1）算法分析

● 设 1 分、2 分、5 分硬币分别为 One、Two、Five 枚，整型。

● One 可能的取值范围为 0~50 枚（因总数为 50 枚）。

● Two 可能的取值范围为 0~50 枚（因总数为 50 枚）。

● Five 枚数为 50-One-Two。

● 用条件语句 One*1+Two*2+Five*5=100 筛选符合条件的组合。

● 满足条件时，计数器 Count 加 1。

（2）编程

```
Dim One%, Two%, Five%, Count%
For One = 0 To 50
  For Two = 0 To 50
    Five = 50 - One - Two
    If One * 1 + Two * 2 + Five * 5 = 100 Then
      Print One, Two, Five
      Count = Count + 1
    End If
```

```
        Next
      Next
    Print "Counter=" & Count
```

算法2 用三重循环求解

（1）算法分析

● 设 1 分、2 分、5 分硬币分别为 One、Two、Five 枚，整型。

● One 可能的取值范围为 0~50 枚（因总数为 50 枚）。

● Two 可能的取值范围为 0~50 枚（因总数为 50 枚）。

● Five 可能的取值范围为 0~20 枚（因金额为 1 元）。

● 用条件语句 One+Two+Five=50 且 One*1+Two*2+Five*5=100 筛选符合条件的组合。

● 满足条件时，计数器 Count 加 1。

（2）编程

```
    Dim One%, Two%, Five%, Count%
    For One = 0 To 50
      For Two = 0 To 50
        For Five = 0 To 20
          If One + Two + Five = 50 And One * 1 + Two * 2 + Five * 5 =
100 Then
            Print One, Two, Five
            Count = Count + 1
          End If
        Next
      Next
    Next
    Print "Counter=" & Count
```

（3）讨论

显然，双重循环比三重循环耗时少、效率高。

实验 6-3 纯小数的 D2H 转换

【实验内容】将一个十进制纯小数转换成十六进制小数。

【实验要求】设计界面，美观大方；

　　　　　　算法正确，程序简洁；

　　　　　　结果精确到小数点后 10 位；

　　　　　　提交调试通过的程序；

　　　　　　编写实验报告。

本设计请自行完成。实验完成后，应提交调试通过的程序。

提示：采用乘 16 取整法；若取整大于或等于 10，用选择情况语句将其转换为相应的"A"、"B"、"C"、"D"、"E"、"F"。

PART 7

实验 7
常用控件及其操作

实验目的

- 掌握常用控件（列表框、组合框、单选按钮、复选框、图片框、时钟）的属性、方法和事件；
- 运用常用控件编写实用小程序；
- 理解工程组文件与工程文件、窗体文件之间的关系。

重点与难点

- 掌握列表框、组合框、单选按钮、复选框、图片框、时钟的属性、方法和事件；
- 理解工程组文件与工程文件、窗体文件之间的关系。

实验之前打开"实验 1.vbp"，单击"文件"菜单选择"添加工程"命令，在"添加工程"对话框中的"新建"选项卡中双击"标准 EXE"图标，即可进入 VB 集成开发环境。打开"工程资源管理器"窗口，右击"工程 2"，并设置为启动。

实验 7-1 用图片框与图像框实现图形的对换

在窗体 Form1 中画两个图片框和一个图像框（图片框的 Autosize 属性设为 Flase，图像框的 Strech 属性设为 T rue），在两个图片框中加载图片，如图 7-1 所示。编程实现图片框 Picture1 和 Picture2 图像的对换。图像框 Image1 在对换中起临时保存图片的作用，运行完毕时清空并隐藏。

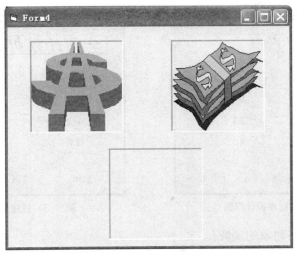

图 7-1 程序设计界面

程序代码如下:

```
Private Sub Form_click()
    '交换位图
Image1.Picture = Picture1.Picture
Picture1.Picture = Picture2.Picture
    Picture2.Picture = Image1.Picture
Image1.Picture = LoadPicture()     '把图像框中图形清空
    Image1.Visible = False         '设置图像框隐藏
End Sub
Private Sub Form_Load()
    Picture1.Picture = LoadPicture("3dlrsign.wmf")   '装入位图
    Picture2.Picture = LoadPicture("money.wmf")
End Sub
```

说明:"3dlrsign.wmf"和"money.wmf"两个文件可以从" C:\Program Files\Microsoft Visual Studio\Common\Graphics\Metafile\Business"

运行程序,观察运行结果,并以"Lx7-1.frm"、 "实验 7.vbp" 和"VB 实验.vbg"分别保存窗体文件、工程文件和工程组文件。

实验 7-2 用框架实现对单选按钮分组

在"实验 2.vbp" 中添加窗体并设置启动对象为 **Form2**。在 Form2 中建立如图 7-2 所示界面的应用程序。文本框用于显示演示文字,"字体名称"框架用于形成设置文字字体的选项按钮组合,"字体大小"框架用于形成设置文字字体大小的单选按钮组合。再画三个复选框。程序运行结果如图 7-3 所示。

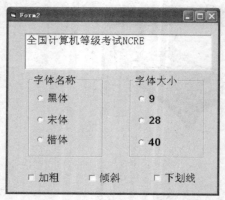

图7-2 程序设计界面　　　　图7-3 程序运行界面

参照表7-1设置各对象的属性。

表7-1 对象属性设置

对　象	属　性	设　置　值
text1	text	全国计算机等级考试NCRE
Frame1	Caption	字体名称
Frame2	Caption	字体大小
Option1	Caption	黑体
Option2	Caption	宋体
Option3	Caption	楷体
Option4	Caption	9
Option5	Caption	28
Option6	Caption	40
Check1	Caption	加粗
Check2	Caption	倾斜
Check3	Caption	下划线

本程序的代码如下：

```
Private Sub Check1_Click()
 If Check1.Value = 1 Then
   Text1.FontBold = True
 Else
   Text1.FontBold = False
 End If
End Sub
Private Sub Check2_Click()
 If Check2.Value = 1 Then
   Text1.FontItalic = True
```

```
    Else
      Text1.FontItalic = False
    End If
End Sub
Private Sub Check3_Click()
  If Check3.Value = 1 Then
    Text1.FontUnderline = True
  Else
      Text1.FontUnderline = False
  End If
End Sub
Private Sub Option1_Click()
  Text1.FontName = Option1.Caption
End Sub
Private Sub Option2_Click()
  Text1.FontName = Option2.Caption
End Sub
Private Sub Option3_Click()  '楷体的字体名称为"楷体_GB2312"
  Text1.FontName = Option3.Caption & "_GB2312"
End Sub
Private Sub Option4_Click()
  Text1.FontSize = Option4.Caption
End Sub
Private Sub Option5_Click()
  Text1.FontSize = Option5.Caption
End Sub
Private Sub Option6_Click()
  Text1.FontSize = Option6.Caption
End Sub
```
运行程序，观察运行结果，并以"Lx7-2.frm"保存窗体文件。

实验 7-3　列表框内容的添加与删除

在"实验 4.vbp" 中添加窗体并设置启动对象为 Form3。在 Form3 中建立如图 7-4 所示的应用程序界面。包括一个文本框 text1、一个列表框 list1 和三个命令按钮(名称分别为 c1、c2、c3)，并且在列表框中已经预设了"学号"、"姓名"、"性别"三个列表项。程序运行时，单击"添加"按钮，则将文本框中的内容添加到列表框中，并且清空文本框内容；单击"移除"按钮，则将列表框中选定的列表项删除；单击"清除"按钮，则将列表框中所有列表项全部清除；双击列表框，则将列表框中被双击的列表项从中移除。编程实现动态添加、删除列表框内容。

提示：本题主要考察列表框中项目的添加、移除和清除方法，可以分别通过 AddItem、RemoveItem 和 Clear 方法来实现。

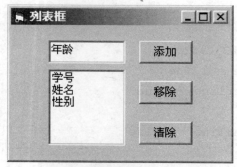

图 7-4　程序运行界面

程序代码如下：

```
Private Sub C1_Click()      '添加项目
    List1.AddItem Text1.Text
    Text1.Text = ""
    Text1.SetFocus
End Sub
Private Sub C2_Click() '移除项目
    If (List1.ListIndex > 0) Then
        List1.RemoveItem List1.ListIndex
    End If
End Sub
Private Sub C3_Click() '清空项目
    List1.Clear
    Text1.SetFocus
End Sub
Private Sub List1_DblClick() '移除项目
    List1.RemoveItem List1.ListIndex
End Sub
```

运行程序通过后，以"Lx7-3.frm"保存窗体文件。

实验 7-4　用滚动条实现形状控件的移动

在"实验 4.vbp"中添加窗体并设置启动对象为 Form4。在 Form4 中建立如图 7-5 所示的应用程序界面。通过滚动条实现圆在相应方向的移动。应用程序窗体上有一个矩形、一个圆、垂直和水平滚动条各一个。程序运行时，移动滚动条的滚动块可使圆做相应方向的移动。滚动条刻度值的范围是圆可以在矩形中移动的范围，要求在代码中设置。以水平滚动条为例，滚动块在最左边时，圆靠在矩形的左边线上，如图 7-5 所示；滚动块在最右边时，圆靠在矩形的右边线上，如图 7-6 所示。垂直滚动条的情况与此类似。

提示：首先应在窗体适当位置加上矩形(Shape2)和圆(Shape1，填充色 FillColor 为红色)两个对象，然后根据题目要求在 Form_Load 事件中分别设置水平和垂直滚动条的变化范围，即通过 max 和 min 属性设置滚动条的最大值和最小值。关于形状控件的知识请参考主教材相关章节。

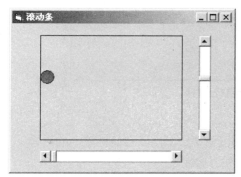

图 7-5　程序运行效果 1

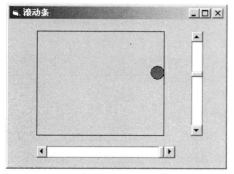

图 7-6　程序运行效果 2

程序代码如下：

```
Private Sub Form_load()
    HScroll1.Min = Shape2.Left
    HScroll1.Max = Shape2.Width + Shape2.Left - Shape1.Width
    VScroll1.Min = Shape2.Top
    VScroll1.Max = Shape2.Height + Shape2.Top - Shape1.Height
    HScroll1.Value = 1000
    VScroll1.Value = 1000
End Sub
Private Sub HScroll1_Change()
    Shape1.Left = HScroll1.Value
End Sub
Private Sub VScroll1_Change()
    Shape1.Top = VScroll1.Value
End Sub
```

运行程序，观察运行结果，并以"Lx7-4.frm"保存窗体文件。

实验 7-5　用时钟控件实现字幕的滚动

在"实验 4.vbp" 中添加窗体并设置启动对象为 Form5（标题为滚动字幕）。在 Form5 中建立如图 7-7 所示的应用程序界面。通过时钟控件实现滚动字幕。要求在窗体上有一个标签和一个时钟控件（该控件运行时不可见），且在程序运行时，标签中的内容将自动每隔 0.3 秒把第一字符放到最后，产生字幕滚动的效果。

提示：首先应在窗体的通用部分定义存放标签内容的字符串变量 str1，然后在 Form_Load 事件中将标签的内容（Caption 属性）传递给变量；题中要求每隔 0.3 秒触发时钟控件的事件，因此必须将 Timer 控件的 Interval 属性设置为 300；字符串中字符的移动可以通过字符串的 Left

函数和 Mid 函数来实现。

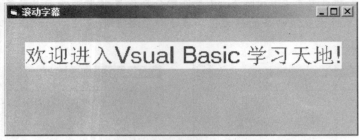

图 7-7　程序运行效果

程序代码如下：

```
Dim str1 As String   '定义字符串变量 str1 用以存储标签中的内容
Private Sub Form_Load()
    str1 = Me.Label1.Caption
End Sub
Private Sub Timer1_Timer()
str1 = Mid(str1, 2) + Left(str1, 1)
'Mid(str1, 2)函数将 str1 中从第二个字符全部取出
'Left(str1, 1)函数从 str1 中取出第一字符
    Me.Label1.Caption = str1
End Sub
```

运行程序，观察运行结果，并以"Lx7-5.frm"保存窗体文件。

思考题

1．比较图片框的 Autosize 属性与图像框的 Strech 属性有何异同。在实验 7-1 中验证你的结论。

2．比较单选按钮与复选框的 Value 属性的含义有何不同。在实验 7-2 中验证你的结论。

3．能否把列表框内容的添加与删除方法用于组合框？

4．滚动条的 Change 事件和 Scroll 事件有何区别？

5．计时器的 Timer 事件触发的条件是什么？

实验目的

● 掌握数组的定义、数组的初始化以及数组元素的引用；
● 掌握动态数组的概念，理解 ReDim 语句的含义；
● 学会使用一维数组、二维数组解决实际问题；
● 学会使用控件数组。

重点与难点

● 熟练掌握静态数组定义的两种格式；
● 掌握动态数组定义的两大步；
● 运用数组元素和循环结构解决实际问题；
● 掌握控件数组的创建步骤。

实验之前打开"VB 实验.vbg"，单击"文件"菜单选择"添加工程"命令，在"添加工程"对话框中的"新建"选项卡中双击"标准 EXE"图标，即可进入 VB 集成开发环境。打开"工程资源管理器"窗口，右击新添加的工程,设置为"启动"。

实验 8-1 对一维数组的元素求和与均值

随机生成 10 个两位正整数作为一维数组的元素。计算一维数组的所有元素之和、平均值。程序运行结果如图 8-1 所示。程序运行时，单击"生成数组"按钮，产生 10 个两位正整数并显示在文本框 1 中；单击"计算"按钮，统计数组所有元素的和以及平均值并分别显示在文本框 2 和文本框 3 中。

提示：一维数组的操作，包括赋值和输出，一般使用 For-Next 循环实现，元素的累计求和可以使用：Sum=Sum+A(i)的形式。另外，所有元素的平均值可能是带小数的数值，因此在定义数据类型时要定义为实型。

【实验步骤】

1. 界面设计和属性设置

参照图 8-1 创建用户界面,在窗体 Form1(标题为一维数组)上放置 3 个名称分别为 Label1、Label2、Label3 的标签控件(标题分别为"数组元素"、"所有元素之和"、"元素的平均值")、3 个 TextBox 控件和 2 个 CommandButton 控件(标题分别为"生成数组"、"计算")。因为第一个文本框实现了多行显示而且具有垂直滚动条,所以必须设置其 MuitiLine 属性值为"True";ScrollBar 属性值为"2-Vertical"。

图 8-1 界面设计

2. 添加程序代码

```
Option Base 1
Dim a(10) As Integer
Dim i As Integer
Private Sub Command1_Click()
    Text1 = ""
    Randomize                '避免 rnd 函数取值重复
    For i = 1 To 10          '给数组赋值
        a(i) = Int(Rnd * (99 - 10 + 1) + 10)
        Text1 = Text1 & Str(a(i)) & Chr(13) & Chr(10)
    Next i
End Sub
Private Sub Command2_Click()
    Dim sum As Integer, avg As Single
    For i = 1 To 10 '求数组元素之和
        sum = sum + a(i)
    Next i
    avg = sum / 10   '求数组元素的平均值
    Text2 = Str(sum)
    Text3 = Str(avg)
End Sub
```

3. 运行程序

观察运行结果,并以"Lx8-1.frm"、"实验 8.vbp" 和"VB 实验.vbg"分别保存窗体文件、工程文件和工程组文件。

实验 8-2　用一维数组解数列题

已知 Fibonacci 数列 a(i) 为 1,1,2,3,5,8,…,它可由下面公式表述：

a(1)=1　　　　　　　　　　if i=1
a(2)=1　　　　　　　　　　if i=2
a(i)=a(i−1)+a(i−2)　　　　if i>2

编程求 a(50)。

【实验步骤】

单击"工程"菜单选择"添加窗体"命令，在"添加窗体"对话框中的"新建"选项卡中双击"窗体"图标，即在"实验 5.vbp"中添加了窗体 Form2。

程序代码如下：

```
Private Sub form_Click()
  Dim a(1 To 50)
  a(1) = 1: a(2) = 1
  For i = 3 To 50
   a(i) = a(i - 1) + a(i - 2)
  Next i
  Print a(50)
End Sub
```

把当前窗体设置为启动对象，运行程序，观察运行结果，并以"Lx8-2.frm"、"实验 8.vbp"和"VB 实验.vbg"分别保存窗体文件、工程文件和工程组文件。

程序的运行结果为 12 586 269 025。

思考题：请读者改用 Do/Loop 循环实现上述程序的功能。

实验 8-3　用一维数组实现冒泡排序

有关冒泡排序的概念和规则请参照主教材，本书不再赘述。

要求运用数组元素实现冒泡排序。用冒泡排序法编程实现对数组 a(1 to 10) 的元素排升序。

【实验步骤】

单击"工程"菜单选择"添加窗体"命令，在"添加窗体"对话框中的"新建"选项卡中双击"窗体"图标，即在"实验 8.vbp"中添加了窗体 Form3。

程序代码如下：

```
Option Base 1
Private Sub Form_click()
  Dim a As Variant
  a = Array(45, 32, 100, 87, 95, 67, 88, 97, 55, 68)
  For i = 10 To 2 Step -1
```

```
      For j = 1 To i - 1
        If a(j) > a(j + 1) Then
          t = a(j): a(j) = a(j + 1): a(j + 1) = t
        End If
      Next j
    Next i
    For i = 1 To 10
      Print a(i)
    Next i
End Sub
```

如果算法改为从右往左冒，程序怎样修改呢？参考代码如下。

```
Option Base 1
Private Sub Form_click()
 Dim a As Variant
 a = Array(45, 32, 100, 87, 95, 67, 88, 97, 55, 68)
 For i = 1 To 9
  For j = 10 To i + 1 Step -1
   If a(j) < a(j - 1) Then
    t = a(j): a(j) = a(j - 1): a(j - 1) = t
   End If
  Next j
 Next i
 For i = 1 To 10
   Print a(i)
 Next i
End Sub
```

把当前窗体设置为启动对象，运行程序，观察运行结果，并以"Lx8-3.frm"、"实验 8.vbp"和"VB 实验.vbg"分别保存窗体文件、工程文件和工程组文件。

实验 8-4 二维动态数组

编程求二维数组每一行和每一列的和。数组的行和列由 InputBox 函数输入，数组的元素为 0~9 的随机整数。程序界面如图 8-2 所示。窗体的标题为"二维数组"。要求程序运行时，单击"生成数组"(名称为 Command1)按钮，从键盘分别输入数组的行数 m 和列数 n，生成 m×n 个由 0~9 的随机整数组成的二维数组，并输出到图片框中；单击"列之和" (名称为 Command2)按钮，则在文本框 1 中显示所有列的和；单击"行之和"按钮，则在文本框 2 中显示所有行的和；单击"清除"按钮，则清除图片框和文本框内容。

提示：二维数组的操作需要使用到二重循环，一般外面的循环控制行，内部的循环控制列。由于数组的行数与列数是程序运行过程中才确定，因此需要定义动态数组，在得到行数和列数后，再用 ReDim 语句重新定义数组。

图 8-2　界面设计

【实验步骤】

1. 界面设计和属性设置

可参照图 8-2 在添加的窗体 Form4 中画控件并设置相关属性。注意：右边的文本框能够多行显示，因此必须设置该文本框 text2 的 MultiLine 属性为 "True"。

2. 添加程序代码

```
Dim m As Integer, n As Integer, sum As Integer
Dim a() As Integer
Private Sub Command1_Click()        '生成数组
    m = Val(InputBox("请输入数组的行数："))
    n = Val(InputBox("请输入数组的列数："))
    ReDim a(m, n)     '重新定义数组
    For i = 1 To m
        For j = 1 To n
            a(i, j) = Int(Rnd * (9 - 0 + 1) + 0)
            Picture1.Print a(i, j);
        Next j
        _____        '换行
    Next i
End Sub
Private Sub Command2_Click()        '求列和
    For i = 1 To n
        sum = 0
        For j = 1 To m
            sum = sum + a(j, i)        '此时 j 控制行号,而 i 控制列标
        Next j
        Text1.Text = Text1.Text & Str(sum)
    Next i
End Sub

Private Sub Command3_Click()        '求行和
    For i = 1 To m
```

```
        sum = 0
        For j = 1 To n
            sum = sum + _____        '此时 i 控制行号,而 j 控制列标
        Next j
        Text2.Text = Text2.Text & Str(sum) & vbCrLf
    Next i
End Sub
Private Sub Command4_Click() '清除内容
    Picture1.Cls
    Text1.Text = ""
    Text2.Text = ""
End Sub
```

3．运行程序并保存文件

把当前窗体设置为启动对象，运行程序，观察运行结果，并以"Lx8-4.frm"、"实验 8.vbp"和"VB 实验.vbg"分别保存窗体文件、工程文件和工程组文件。

参考答案：Picture1、Print；a(1,j)

实验 8-5　用控件数组设计计算器

使用控件数组，编写一个能进行加、减、乘、除的简单计算器，如图 8-3 所示。

提示：计算器的工作原理：用户首先通过最左边的数字键和符号键输入第一个数值，然后单击中间的运算符号键，此时通过变量 First 和 Op 分别记录下参加计算的第一个数值和进行运算的操作符；用户继续输入第二个数值直到单击"="按钮为止；最后将文本框内容存储到 Second 变量中，记为第二个操作数值，通过 Op 检验用户选择的操作符，进行相应运算，并在文本框中输出结果。

本题采用控件数组定义大量功能相似的控件，主要用了以下控件数组。

Cmd1：10 个元素，分别表示"0"～"9"这 10 个数字键。

Cmd2：2 个元素，分别表示"+/−"和"."键。

Cmd3：4 个元素，分别表示"+"、"−"、" *"、"/"四个操作键。

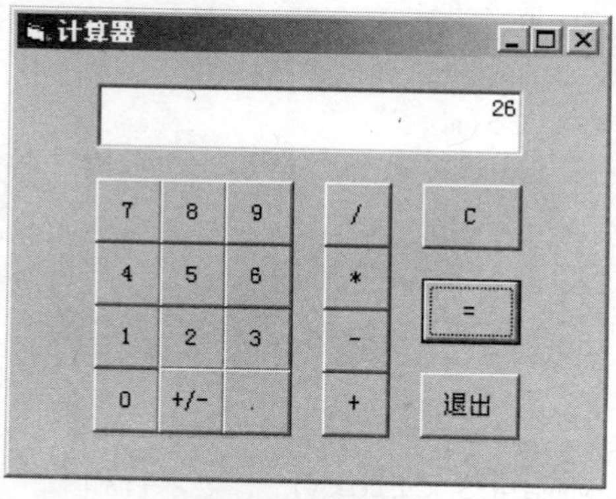

图 8-3　界面设计

【实验步骤】

1. 界面设计和属性设置

可参照图 8-3 在添加的窗体 Form5 中画控件并设置相关属性。顶部文本框的内容靠右显示，必须设置其 Alignment 属性为 "1-Right Justify"，初始值 text 为空字符串。

2. 添加程序代码

```
Dim First As Double, Second As Double
Dim Op As Integer
Private Sub cmd1_Click(Index As Integer)
    Text1.Text = Text1.Text & cmd1(Index).Caption
End Sub
Private Sub cmd2_Click(Index As Integer)    '小数点和正负数切换按钮
    If Index = 0 Then
        Text1.Text = CStr(0 - Val(Text1.Text))
    Else
        Text1.Text = Text1.Text & cmd2(Index).Caption
    End If
End Sub
Private Sub cmd3_Click(Index As Integer)   '运算符号按钮
    First = Val(Text1.Text)                '取出第一个操作数
    Op = Index                             '记载运算符的下标
    Text1.Text = ""
End Sub
Private Sub Command1_Click()    ' 清空按钮，对应"C"按钮
    Text1.Text = ""
    Text1.SetFocus
    First = 0
End Sub
Private Sub Command2_Click()    '计算按钮，对应"="按钮
    Second = Val(Text1.Text)
    Select Case Op
        Case 0
            Text1.Text = First + Second
        Case 1
            Text1.Text = First - Second
        Case 2
            Text1.Text = First * Second
        Case 3
            If Second <> 0 Then
                Text1.Text = First / Second
            Else
```

```
                Text1.Text = "Error!"
            End If
        End Select
    End Sub
    Private Sub Command3_Click() '退出按钮
        End
    End Sub
```

3. 运行程序并保存文件

把当前窗体设置为启动对象，运行程序，观察运行结果，并以"Lx8-5.frm"、"实验 5.Vbp"和"VB 实验.Vbg"分别保存窗体文件、工程文件和工程组文件。

实验 8-6　统计字符串中字母的个数

如图 8-4 所示，统计给定文本中各字母（不区分大小写）出现的次数。

提示： 依次取出给定文本中的字符，使用 Ucase 函数将其转换成对应的大写字母。因为一个大写字母对"A"的位移在 0～25，所以可以定义一个一维数组 A，它的下标取值范围为 0 To 25。让数组元素下标值 0～25 与字母 A～Z 一一对应，即 A（0）记录"A"出现的次数，A（1）记录"B"出现的次数，依此类推，A(25)记录"Z"出现的次数。将取出字符的 ASCII 值减去"A"的 ASCII 值得到的数值就是该字母对应的数组下标值，然后在该数组元素上加 1。

图 8-4　界面设计

【实验步骤】

1. 界面设计和属性设置

可参照图 8-4 在添加的窗体 Form6 中画控件并设置相关属性。

2. 添加程序代码

```
    Private Sub Command1_Click()      '统计字母个数
        Dim str1 As String, i As Integer
        Dim idx As Integer
        Dim temp  As String
        Dim a(0 To 25) As Integer
```

```
            Text2.Text = ""
            str1 = Text1.Text
            For i = 1 To Len(str1)
                temp = UCase(Mid(str1, i, 1))
                If temp >= "A" And temp <= "Z" Then  '判断字符在不在 26 个
字母当中
                    idx = Asc(temp) - Asc("A")
                    a(idx) = a(idx) + 1                    '次数累加
                End If
            Next i
            idx = 0
            For i = 0 To 25
                If a(i) <> 0 Then
                  Text2 = Text2 & Chr(i + Asc("A")) & ":" & Str(a(i)) & "   "
                    idx = idx + 1
                    If idx Mod 5 = 0 Then Text2 = Text2 & vbCrLf    '实现
每 5 组换行一次
                End If
            Next i
        End Sub
        Private Sub Command2_Click()                    '退出应用程序
            End
        End Sub
```

3．运行程序并保存文件

把当前窗体设置为启动对象，运行程序，观察运行结果，并以"Lx8-6.frm"、"实验 8.vbp"
和"VB 实验.vbg"分别保存窗体文件、工程文件和工程组文件。

思考题

1．对于实验 8-1，如果求数组 a(1 to 10)中奇数的个数及奇数的均值，如何修改程序？

2．对于实验 8-2，如果求 10 000 000 以内最大的 Fibonacci 数，如何修改程序？修改程序
实现之。

3．如何实现对数组 a(1 to 10)的插入排序？编程实现之。

4．动态数组的定义能否改变数组的维数、大小和类型？

5．求出菲波纳契数列的前 20 项，并按顺序将它们显示在列表框中。菲波纳契数列的递
推公式如下。

$$Fab(n) = \begin{cases} 1 & n = 1 \\ 1 & n = 2 \\ Fab(n-2) + Fab(n-1) & n \geq 3 \end{cases}$$

PART 9

实验 9 过 程

实验目的

- 掌握自定义函数 Function 过程及子过程的定义方法；
- 掌握自定义函数 Function 过程及子过程的调用方法；
- 掌握传值和传地址两种参数传递方式的方法；
- 理解递归的概念和使用方法。

重点与难点

- 掌握自定义函数 Function 过程及子过程在返回值方面的区别；
- 掌握传值和传地址两种参数传递方式的区别；
- 了解递归方法编程。

实验之前打开"VB 实验.vbg"，单击"文件"菜单选择"添加工程"命令，在"添加工程"对话框中的"新建"选项卡中双击"标准 EXE"图标，即可进入 VB 集成开发环境。打开"工程资源管理器"窗口，右键单击新添加的工程，设置为"启动"。

实验 9-1　用子程序过程求完数

输入任意正整数，输出该数的所有因子及因子个数。要求程序运行结果如图 9-1 所示。程序中定义一个用于完成求任意整数因子的子程序过程 Factor，单击"输入整数"按钮由键盘输入整数，调用此过程后在窗体上显示此整数的所有不同因子和因子个数。

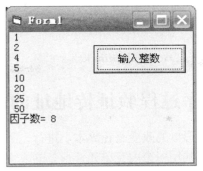

图9-1 运行结果

【实验步骤】

（1）界面设计和属性设置请参照图 9-1。

（2）添加程序代码。

```
Private Sub Command1_Click()
    Dim n As Integer
    Cls
    _____ = InputBox("请输入一个整数")
    _____
End Sub
Private Sub factor(ByVal m As Integer)
    Dim s As Integer
    s = 0
    For k = 1 To Abs(m) / 2
        If m Mod k = 0 Then
            s = s + 1
            _____
        End If
    Next k
    Print "因子数="; _____
End Sub
```

（3）运行程序并保存文件。

把当前窗体设置为启动对象，运行程序，观察运行结果，并以"Lx9-1.frm"、"实验 9.vbp"和"VB 实验.vbg"分别保存窗体文件、工程文件和工程组文件。

参考该例题程序，完成本实验课后思考题 1 和思考题 2。

关于完数的参考代码如下：

```
Private Sub factor(ByVal m As Integer)
    ys = 0
    For y = 1 To m- 1
     If m Mod y = 0 Then ys = ys + y
    Next y
```

```
    If m = ys Then Print m
End Sub
```
参考答案：n； fator n 或 call factor(n); print k； s

实验 9-2   用子程序过程验证传地址的副作用

按照传值方式传递参数，形参的改变是在副本上进行，所以形参的改变不影响实参。而传地址方式，则是形参与实参共用一个内存单元，形参的改变会带回到实参。编写一个两数交换的通用过程，调用该过程验证传地址方式的副作用。运行结果如图 9-2 所示。参考它设计界面，设置属性。

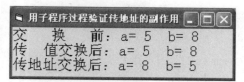

图 9-2   运行效果

程序代码如下：

```
Private Sub Form_click()
  FontSize = 16
  Dim a As Integer, b As Integer
  a = InputBox("a=?")
  b = InputBox("b=?")
  Print "交    换    前："; "a="; a; " b="; b
  Call swap1(a, b)
  Print "传  值交换后："; "a="; a; " b="; b
  Call swap2(a, b)
  Print "传地址交换后："; "a="; a; " b="; b
End Sub
Sub swap1(ByVal x As Integer, ByVal y As Integer)
  Dim t As Integer
  t = x: x = y: y = t
End Sub
Sub swap2(ByRef x As Integer, y As Integer)
  Dim t As Integer
  t = x: x = y: y = t
End Sub
```
运行程序并保存文件

把当前窗体设置为启动对象，运行程序，观察运行结果，并以"Lx9-2.frm"、"实验 9.vbp"和"VB 实验.vbg"分别保存窗体文件、工程文件和工程组文件。

实验 9-3　函数过程的定义与调用

在文本框 Text1 中输入英文字符串，选中其中任意一个单词，统计其中出现的字母"t"的个数。程序窗体如图 9-3 所示。程序中定义一个用于完成求任一字符串中指定字母出现次数的过程 Count_t，运行程序，输入一段英文并选中文本，单击"统计"按钮，调用此过程，在文本框 Text2 中显示包含字母"t"的个数（不区分字母大小写）。

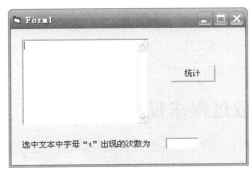

选中文本中字母"t"出现的次数为

图 9-3　界面设计

提示： 根据题目要求，若用户未输入字符串或输入后未选择文本，应给出相应的提示。当用户按要求进行选择时调用函数过程完成相应的功能 12。

【实验步骤】

（1）界面设计和属性设置参照图 9-3。

（2）添加程序代码。

```
Public Function Count_t(st As String, sl As Integer) As Integer
    Dim m As Integer, i As Integer, c As String * 1
    For i = 1 To sl
        c = Mid(st, i, 1)
        If _____Then
            m = m + 1
        End If
    Next i
    Count_t = m
End Function
Private Sub Command1_Click()
    Dim s As String, st As String, sl As Integer
    s = Text1.Text
    If Len(s) = _____ Then
        MsgBox "请先输入英文字符串！"
    Else
        If Text1._____ = 0 Then
            MsgBox "请先选中文本！"
        Else
```

```
        st = Text1.SelText
        sl = Text1.SelLength
        Text2 = _____
      End If
      End If
End Sub
```

3. 运行程序并保存文件

把当前窗体设置为启动对象，运行程序，观察运行结果，并以"Lx9-3.frm"、"实验9.vbp"和"VB实验.vbg"分别保存窗体文件、工程文件和工程组文件。

参考答案：c="t"; 0; sellength; count_t(st,s1)

实验 9-4　用函数过程求反序数

编写一个求任意正整数 n 反序数的函数过程。通过调用该过程实现功能：查找四位整数 n，它的 9 倍正好等于 n 的反序数。程序运行结果如图 9-4 所示。

图 9-4　运行结果

根据题目要求，可以定义一个拥有返回值（n 的反序数）的过程。用之与四位整数 n 的 9 倍进行比较，若相等，则在文本框中输出原数及反序数。

【实验步骤】

（1）界面设计和属性设置参照图 9-4。注意：应将 TextBox 的 Multiline 属性值设为 True。

（2）添加程序代码。

① 过程的定义

```
Private Function Fx(ByVal n As Integer) As Integer
  Dim i As Integer, sa As String
  Dim k As Integer
  Do
    k = n Mod 10
    sa = sa & k
    n = n \ 10
  Loop While n > 0
  Fx = sa
```

```
End Function
```
② 过程的调用
```
Private Sub Command1_Click()
    Dim n As Integer, k As Integer
    Dim st As String
    Text1 = "结果是: "
    For n = 1000 To 1111
        k = 9 * n
        If Fx(n) = k Then
            st = n & "--" & k
            Text1 = Text1 & st & vbCrLf
        End If
    Next n
End Sub
```
③ 运行程序并保存文件

把当前窗体设置为启动对象，运行程序，观察运行结果，并以"Lx9-4.frm"、"实验 9.vbp"和"VB 实验.vbg"分别保存窗体文件、工程文件和工程组文件。

读者思考：如何用 StrReverse 函数简化上述 Function 过程 Fx 的设计？

实验 9-5 用 Fuction 过程解素数问题

所谓素数，指在大于 1 的自然数中仅有 1 和它本身两个因数的数。根据定义，1 不是素数，2 是素数。编写程序求解一组与素数相关问题。程序运行结果如图 9-4 所示。

图 9-5 运行结果

【实验步骤】

（1）界面设计和属性设置参照图 9-5。

（2）添加程序代码。
```
Function isprime(x&) As Boolean
For m = 2 To x -1
    If x Mod m = 0 Then isprime = False: Exit For
    If m = x - 1 Then isprime = True
 Next m
 If x = 2 Then isprime = True
End Function
```

```
Private Sub Command1_Click()
  Rem 求[10-8887]素数的个数
  Dim i As Long, n%
  n = 0
  For i = 10 To 8887
    If isprime(i) = True Then n = n + 1
  Next i
  Text1 = n
End Sub
Private Sub Command2_click()
  Rem 求[1000-20000]之间最大的素数
  Dim i As Long
  For i = 20000 To 1000 Step -1
    If isprime(i) = True Then Text2 = i: Exit For
  Next i
End Sub
Private Sub Command3_Click()
  Rem 求[5000-6000] 之间最小的素数
  Dim x As Long
  x = 5000
  Do
    x = x + 1
  Loop Until isprime(x)
  Text3 = x
End Sub
Private Sub Command4_Click()
  Rem 求数组 f(n)=n*n+n+41 前100项素数的个数
  Dim f(1 To 100) As Long, n%, i%
  n = 0
  For i = 1 To 100
    f(i) = i * i + i + 41
    If isprime(f(i)) = True Then n = n + 1
  Next i
  Text4 = n
End Sub
Private Sub Command5_Click()
  Rem 求菲波纳契数列前30个数中所有质数的和。
  'a(1)=0,a(2)=1。从第三项开始，数列元素等于前两项之和
  Dim a(1 To 30) As Long, s&
  a(1) = 0: a(2) = 1: s = 0
```

```
    For i = 3 To 30
      a(i) = a(i - 1) + a(i - 2)
      If isprime(a(i)) Then s = s + a(i)
    Next i
    Text5 = s
  End Sub
Private Sub Command6_Click()
    Rem 求[31,601]双胞胎素数(相差 2 的两素数)的对数
    Dim x As Long, n%
    n = 0
    For x = 31 To 601 - 2
      If isprime(x) And isprime(x + 2) Then n = n + 1
    Next x
    Text6 = n
End Sub
```

3. 运行程序并保存文件

把当前窗体设置为启动对象，运行程序，观察运行结果，并以"Lx9-5.frm"、"实验 9.vbp"和"VB 实验.vbg"分别保存窗体文件、工程文件和工程组文件。

实验 9-6　用 Function 函数的递归调用求阶乘

整数 i 的阶乘 Factor(i)的定义，由下面公式表述：

Factor(1)=1　　　　　　　　　　if i=1

Factor(i)=F(i−1)+F(i−2)　　　　if i>=2

试编程求整数 i 的阶乘 Factor(i)的值。

程序运行结果如图 9-6 所示。

图 9-6　运行结果

【实验步骤】

（1）界面设计和属性设置参照图 9-6。

（2）添加程序代码。

```
Private Sub Form_click()
  Dim x As Integer
```

```
  x = InputBox("x=?")
  Print x; "!="; factor(x)
End Sub
Function factor(n As Integer) As Double
  If n = 1 Then
    factor = 1
  Else
    factor = n * factor(n - 1)
  End If
End Function
```

3. 运行程序并保存文件

把当前窗体设置为启动对象，运行程序，观察运行结果，并以"Lx9-6.frm"、"实验 9.vbp"和"VB 实验.vbg"分别保存窗体文件、工程文件和工程组文件。

思考题

1. 各真因子之和（不包括自身）等于其本身的正整数称为完数。例如：6=1+2+3，6 是完数。求：

200~500 完数之和；

8000~9000 完数的个数；

10~1000 所有完数之和；

1~1000 最大的完数 ；

1~1000 第二大的完数；

8100~8200 的完数 ；

1000 以内所有完数之和。

2. 对于实验 9-3，若将函数过程 Count_t 的功能改为统计选中文本中单词"the"出现的次数，应做哪些改动？试完成。

3. 对于实验 9-4，若将函数过程 Private Function fx(ByVal n As Integer) As Integer 中的 n 传递方式改为传址方式，结果是什么？分析产生此结果的原因。

4. 编程求比 20 000 小的最大的三个素数。

5. 用 Function 函数的递归调用求 Fibonacci 数列的元素值。菲波纳契数列的递推公式如下：

$$Fab(n) = \begin{cases} 1 & n = 1 \\ 1 & n = 2 \\ Fab(n-2) + Fab(n-1) & n \geqslant 3 \end{cases}$$

参考代码如下：

```
Private Sub Form_click()
  Dim n As Integer
  n = InputBox("x=?")
```

```
  Print "Fab("; n; ")="; fab(n)
End Sub
Function fab(n As Integer) As Double
  If n = 1 Or n = 2 Then
    fab = 1
  Else
    fab = fab(n - 1) + fab(n - 2)
  End If
End Function
```

PART 10

实验 10
文　　件

实验目的

- 掌握文件的结构与分类，顺序文件、随机文件的概念；
- 掌握文件操作的一般步骤及实现方法；
- 掌握文件系统控件：驱动器列表框、目录列表框和文件列表框的应用。

重点与难点

- 文件操作的基本步骤；
- 文件操作的常用函数；
- 不同类型的文件的打开与关闭、读出与写入操作。

实验 10-1　顺序文件的读写操作

【实验内容】

编写一个应用程序。若单击"建立文件"按钮，则分别用 Print #语句和 Write #语句将 3 个同学的学号、姓名、成绩写入文件 data.txt 和 data1.txt；若单击"读取文件"按钮，则用 Line Input 语句按行将两个文件中的数据送往相应的文本框。

【实验步骤】

1．界面设计

启动 VB，新建一个工程，在窗体 Form1 中添加两个命令按钮、两个标签控件和两个文本框控件，并进行大小、位置的排版，如图 10-1 所示。

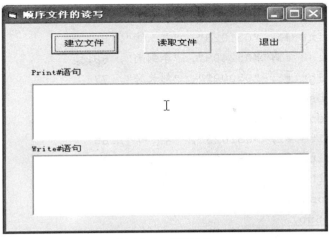

图 10-1　界面设计

2.属性设置

对所涉及的对象进行属性设置，如表 10-1 所示。

表 10-1　对象属性设置

对　　象	属　　性	属　性　值
Form1	Caption	顺序文件的读写
Label1	Caption	Print#语句
	AutoSize	True
Label2	Caption	Write#语句
	AutoSize	True
Text1	名称	TxtData
	MultiLine	True
	Text	""
Text2	名称	TxtData1
	MultiLine	True
	Text	""
Command1	名称	CmdCreate
	Caption	建立文件
Command2	名称	CmdRead
	Caption	读取文件
Command3	名称	CmdExit
	Caption	退出

3.代码编写

（1）写入代码

```
Private Sub cmdWrite_Click()
```

```
Open "D:\data.txt" For Output As #1
Print #1, "051023", "刘  峰", 66
Print #1, "052498", "李剑南", 88
Print #1, "050992", "刘长海", 77
Close #1
Open "D:\data1.txt" For Output As #1
Write #1, "051023", "李  峰", 66
Write #1, "052498", "刘文学", 88
Write #1, "050992", "周建东", 77
Close #1
End Sub
```

（2）读取代码

```
Private Sub cmdRead_Click()
Open "D:\data.txt" For Input As #1
Do While Not EOF(1)
  Line Input #1, inputdata
  txtData.Text = txtData.Text + inputdata + vbCrLf
Loop
Close #1
Open "D:\data1.txt" For Input As #1
Do While Not EOF(1)
Line Input #1, inputdata
txtData1.Text = txtData1.Text + inputdata + vbCrLf
Loop
Close #1
End Sub
```

（3）退出

```
Private Sub cmdExit_Click()
  End
End Sub
```

4．调试运行

在程序运行前，先执行文件菜单下的"保存工程"，将整个工程保存下来，然后单击"运行"按钮，单击"建立文件"按钮后查看 D:\文件夹是否存在文件 Data.Txt，Data1.Txt，并打开此文件查看文件内容是否与写入前的文本框内容一致，再单击"读取文件"后查看文本内容是否出现在下边的两个文本框中，运行效果如图 10-2 所示。

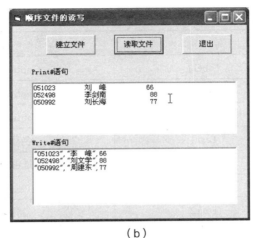

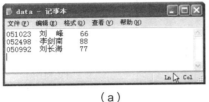

（a）　　　　　　　　　　　　　　（b）

图 10-2　运行效果

实验 10-2　随机文件的读写操作

【实验内容】

编程实现：对一个随机文件实现插入、删除、修改、前条、后条、首条、末条等类似于数据库的常用操作。

【实验步骤】

1．界面设计

启动 VB，新建一个工程，在窗体 Form1 上添加 4 个标签、4 个文本框、7 个命令按钮，并进行大小、位置的排版，如图 10-3 所示。

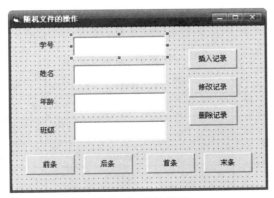

图 10-3　设计界面

2．属性设置

对所涉及的对象进行属性设置。如表 10-2 所示。

表 10-2　实验 10-2 对象属性设置

对　　象	属　　性	属　性　值
Form1	Caption	随机文件的操作
Label1	Caption	学号

对　象	属　性	属　性　值
Label2	Caption	姓名
Label3	Caption	年龄
Label4	Caption	班级
Text1	名称	TxtCode
	MaxLength	4
	Text	""
Text2	名称	TxtName
	MaxLength	6
	Text	""
Text3	名称	TxtAge
	Text	""
Text4	名称	TxtClass
	MaxLength	10
	Text	""
Command1	名称	cmdInsert
	Caption	插入记录
Command2	名称	cmdModify
	Caption	修改记录
Command3	名称	cmdDelete
	Caption	删除记录
Command4	名称	CmdPrior
	Caption	前条
Command5	名称	CmdNext
	Caption	后条
Command6	名称	CmdFirst
	Caption	首条
Command7	名称	CmdLast
	Caption	末条

3．代码编写

先声明模块与公共变量。然后编写相应功能按钮的代码。

（1）声明自定义数据类型。在工程资源管理器里，右键单击添加模块，在模块内声明"学生"自定义数据类型，代码如下：

```
Type Student
   StCode As String *4
   stName As String *8
   StAge As Integer
   stClass As String * 0
End Type
```

（2）全局变量的声明，在代码窗口的通用声明处声明 4 个全局变量，声明用变量含义如下：

```
Dim TotalRec As Integer    '总的记录数
Dim StuVar As Student       ' Student 型的变量
Dim f As Integer             '文件号
Dim CurrLoc As Integer       '存放当前指针
```

（3）公用过程定义，错误显示公用过程。

```
Sub ShowError()
   Dim s As String
   Dim crlf As String
   crlf = Chr(13) + Chr(10)
   s = "运行时发生下列错误:" + crlf
   s = s + Error$ + crlf
   s = s + "错误码为: " + CStr(Err)
   MsgBox s, 2
End Sub
```

打开文件公用过程。

```
Public Sub OpenFile()
   Dim FilePath As String
   FilePath = App.Path
   If Right(FilePath, 1) <> "\" Then
      FilePath = FilePath & "\"
   End If
   f = FreeFile
   Open FilePath & "stu.dat" For Random As #f Len = Len(StuVar)
TotalRec = LOF(f) / Len(StuVar)
   End Sub
```

（4）"插入记录"与"确定更新"代码如下：

```
Private Sub cmdInsert_Click()
   On Error GoTo Errout
   If cmdInsert.Caption = "插入记录" Then
     cmdInsert.Caption = "确定更新"
     txtCode.Enabled = True
     txtName.Enabled = True
```

```
            txtAge.Enabled = True
            txtClass.Enabled = True
          Else
            Call OpenFile
            StuVar.StCode = txtCode.Text
            StuVar.stName = txtName.Text
            StuVar.StAge = txtAge.Text
            StuVar.stClass = txtClass.Text
            Put #f, TotalRec + 1, StuVar
            Close #f
            txtCode.Enabled = False
            txtName.Enabled = False
            txtAge.Enabled = False
            txtClass.Enabled = False
            cmdInsert.Caption = "插入记录"
          End If
          Exit Sub
        Errout: Call ShowError
        End Sub
```

（5）"修改记录"与"确定修改"代码如下：

```
        Private Sub cmdModify_Click()
        On Error GoTo Errout
        If cmdModify.Caption = "修改记录" Then
          cmdModify.Caption = "确认修改"
          txtCode.Enabled = True
          txtName.Enabled = True
          txtAge.Enabled = True
          txtClass.Enabled = True
        Else
          cmdModify.Caption = "修改记录"
          If CurrLoc = 0 Then
            CurrLoc = 1
          End If
          Call OpenFile
          StuVar.StCode = txtCode.Text
          StuVar.stName = txtName.Text
          StuVar.StAge = txtAge.Text
          StuVar.stClass = txtClass.Text
          Put #f, CurrLoc, StuVar
          Close #f
```

```
        txtCode.Enabled = False
        txtName.Enabled = False
        txtAge.Enabled = False
        txtClass.Enabled = False
      End If
      Exit Sub
      Errout: Call ShowError
      End Sub
```

（6）删除记录代码如下：

```
      Private Sub cmdDelete_Click()
        On Error GoTo Errout
        Call OpenFile
        Dim i As Integer
        i = MsgBox("您确认删除此记录吗？", vbExclamation + vbYesNo)
        If i <> 6 Then Exit Sub
        If CurrLoc = 0 Then
          CurrLoc = 1
        End If
        For i = CurrLoc To TotalRec - 1
          Get #f, i + 1, StuVar
          Put #f, i, StuVar
        Next
        StuVar.StCode = ""
        StuVar.stName = ""
        StuVar.StAge = 0
        StuVar.stClass = ""
        Put #f, i, StuVar
        Close #f
        Exit Sub
      Errout: Call ShowError
      End Sub
```

（7）"首条"代码如下：

```
      Private Sub cmdFirst_Click()
        On Error GoTo Errout
        Call OpenFile
        Get #f, 1, StuVar
          txtCode.Text = StuVar.StCode
          txtName.Text = StuVar.stName
          txtAge.Text = StuVar.StAge
          txtClass.Text = StuVar.stClass
```

```
        CurrLoc = 1
        Close #f
        Exit Sub
    Errout:
    End Sub
```

（8）"末条"代码如下：

```
    Private Sub cmdLast_Click()
      On Error GoTo Errout
      Call OpenFile
      Get #f, TotalRec, StuVar
        txtCode.Text = StuVar.StCode
        txtName.Text = StuVar.stName
        txtAge.Text = StuVar.StAge
        txtClass.Text = StuVar.stClass
      CurrLoc = TotalRec
      Close #f
      Exit Sub
    Errout: Call ShowError
    End Sub
```

（9）"前条"代码如下：

```
    Private Sub CmdPrior_Click()
      On Error GoTo Errout
      Call OpenFile
      CurrLoc = CurrLoc - 1
      If CurrLoc < 1 Then
        MsgBox ("已到了文件头")
        CurrLoc = CurrLoc + 1
      Else
        Get #f, CurrLoc, StuVar
        txtCode.Text = StuVar.StCode
        txtName.Text = StuVar.stName
        txtAge.Text = StuVar.StAge
        txtClass.Text = StuVar.stClass
      End If
      Close #f
      Exit Sub
    Errout: Call ShowError
    End Sub
```

（10）"后条"代码如下：

```
    Private Sub cmdNext_Click()
```

```
On Error GoTo Errout
Call OpenFile
CurrLoc = CurrLoc + 1
If CurrLoc > TotalRec Then
  MsgBox ("已到了文件尾")
  CurrLoc = CurrLoc - 1
Else
  Get #f, CurrLoc, StuVar
  txtCode.Text = StuVar.StCode
  txtName.Text = StuVar.stName
  txtAge.Text = StuVar.StAge
  txtClass.Text = StuVar.stClass
End If
Close #f
Exit Sub
Errout: Call ShowError
End Sub
```

4.调试运行

在程序运行前，先执行文件菜单下的"保存工程"，将整个工程保存下来，然后单击运行，在左边各文本框中键入一些文本，单击"插入记录"后查看 C:\文件夹是否存在文件 std.dat，并打开此文件查看文件内容是否与写入前的文本框内容一致，单击"插入"、"修改"、"删除"、"前条"、"后条"、"首条"、"末条"后是否能得到相应的结果，运行效果如图 10-4 所示。

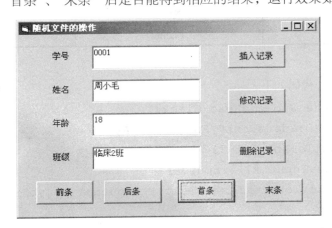

图 10-4　运行效果

实验 10-3　二进制文件的操作

【实验内容】

编程实现：编写一个能将任意两个文件内容合并的程序。本例利用实验 10-1 生成的 Data.txt 及 Data1.txt 来验证。

【实验步骤】

1. 界面设计

启动 VB，新建一个工程，在窗体 Form1 上添加 3 个文本框控件，分别为 Text1，Text2，Text3，3 个命令按钮，标题分别为"读取文件"、"合并文件"、"退出"，并进行大小、位置的排版，如图 10-5 所示。

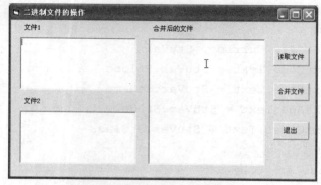

图 10-5　实验界面设计

2. 属性设置

对所涉及的对象进行属性设置，如表 10-3 所示。

表 10-3　对象属性设置

对　象	属　性	属　性　值
Drive1	Name	Drive1
Dir1	Name	Dir1
File1	Name	File1

3. 代码编写

（1）"读取文件"代码如下：

```
Private Sub cmdRead_Click()
Open "D:\data.txt" For Input As #1
Do While Not EOF(1)
  Line Input #1, inputdata
  Text1.Text = Text1.Text + inputdata + vbCrLf
Loop
Close #1
Open "D:\data1.txt" For Input As #1
Do While Not EOF(1)
Line Input #1, inputdata
Text2.Text = Text2.Text + inputdata + vbCrLf
Loop
Close #1
End Sub
```

（2）"合并文件"代码如下：

```
Private Sub cmdUnion_Click()
  Dim char As Byte
  Open "d:\data.txt" For Binary As #1
  Open "d:\data1.txt" For Binary As #2
  Open "d:\data2.txt" For Binary As #3
  Do While Not EOF(1)
    Get 1, , char
    Put 3, , char
  Loop
  Do While Not EOF(2)
    Get 2, , char
    Put 3, , char
  Loop
  Close #1, #2, #3
  '合并后再显示
  Open "D:\data2.txt" For Input As #1
  Do While Not EOF(1)
  Line Input #1, inputdata
  Text3.Text = Text3.Text + inputdata + vbCrLf
  Loop
  Close #1
End Sub
```

4．调试运行

在程序运行前，先执行"保存工程"，将整个工程保存下来，然后单击运行，单击"读取文件"，将实验 1 保存好的文本读取到 Text1 与 Text2 两个文本框中，单击"合并文件"将文件 1 与文件 2 的内容合并到一个文件中，查看 D:\Data2.Txt 是否存在，并打开此文件查看文件内容是否与两个文件合并后的内容一致，运行效果如图 10-6 所示。

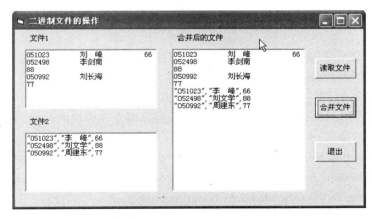

图 10-6　运行效果

实验 10-4　文件系统控件的操作

【实验内容】

编程实现：如 Windows 资源管理器一样可以管理磁盘分区、文件夹以及文件夹中的文件。如果双击文件，则执行打开或运行操作。但不提供复制、粘贴、重命名等相关功能。

【实验步骤】

1. 界面设计

启动 VB，新建一个工程，在窗体 Form1 上添加 1 个 DriveListBox、1 个 DirListBox、1 个 FileListBox 控件，并进行大小、位置的排版，如图 10-7 所示。

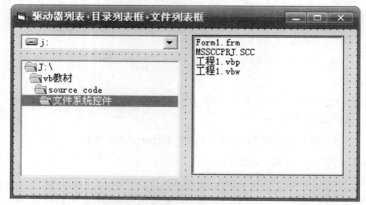

图 10-7　设计效果

2. 属性设置

对所涉及的对象进行属性设置，如表 10-4 所示。

表 10-4　对象属性设置

对　象	属　性	属　性　值
Drive1	Name	Drive1
Dir1	Name	Dir1
File1	Name	File1

3. 代码编写

本试验代码简单，只要在 Drive1、Dir1 的值发生改变的事件中编写相关代码，对 File1 对象，只要处理它的鼠标双击事件。以下是公用代码。

由于要实现双击时能打开或运行相应的程序，这里必须用到一个 API 函数 ShellExecute，而此 API 函数要引用到 shell32.dll 动态链接库，故必须事先在模块的通用部分用下面的语句声明。

Private Declare Function ShellExecute Lib "shell32.dll" Alias "ShellExecuteA" (ByVal hwnd As Long, ByVal lpOperation As String, ByVal lpFile As String, ByVal lpParameters As String, ByVal lpDirectory As String, ByVal nShowCmd As Long) As Long

为了确定文件打开或运行时的窗口状态，还需定义枚举类型 ShowStyle，定义窗口最先出现时的几种不同的状态。

```
Public Enum ShowStyle        '文件打开时窗口的几种默认状态。
    vbHide                    '0 窗口是隐藏的，并且焦点被传递给隐藏窗口。
    vbNormalFocus             '1 窗口拥有焦点，并且恢复到原来的大小与位置。
    vbMinimizedFocus          '2 窗口缩小为图符并拥有焦点。
    vbMaximizedFocus          '3 窗口最大化并拥有焦点。
    vbNormalNoFocus           '4 窗口被恢复到最近一次的大小与位置。当前活动窗
口仍为活动窗口。
    vbMinimizedNoFocus        '6 窗口缩小为图符。当前活动窗口仍为活动窗口。
End Enum
' 公用的打开文档或运行程序过程。
Public Function OpenFile(ByVal OpenName As String, Optional ByVal
InitDir As String = vbNullString, Optional ByVal msgStyle As ShowStyle =
vbNormalFocus)
    ShellExecute 0&, vbNullString, OpenName, vbNullString, InitDir,
msgStyle  '调用 API 函数
End Function
```

其他代码包括如下一些。

（1）DriveListBox 的 OnChange 事件代码，当驱动器发生改变时触发。

```
        Private Sub Drive1_Change()
            Dir1.Path = Drive1.Drive' 设置 DirListBox 的路径属性为
    DriveListBox 的磁盘分区
        End Sub
```

（2）DirListBox 的 OnChange 事件代码，当文件夹发生改变时触发。

```
        Private Sub Dir1_Change()
            File1.Path = Dir1.Path
        End Sub
```

（3）DirListBox 的 OnChange 事件代码，当文件夹发生改变时触发。

```
        Private Sub Dir1_Change()
            File1.Path = Dir1.Path
        End Sub
```

（4）FileListBox 的鼠标双击事件代码，当双击某一个文件时触发。

```
        Private Sub File1_DblClick()
            OpenFile Dir1.Path + "\" + File1.FileName  '调用 OpenFile
    过程打开文档。
        End Sub
```

4．调试运行

在程序运行前，先执行文件菜单下的"保存工程"，将整个工程保存下来，然后单击运行，试着改变驱动器与文件夹，观看屏幕的变化，在文件列表框双击某个文件，看是否能打开或直接运行。文件浏览效果如图 10-8 所示，双击"2.doc"后的运行结果，如图 10-9 所示。

图 10-8　文件浏览效果

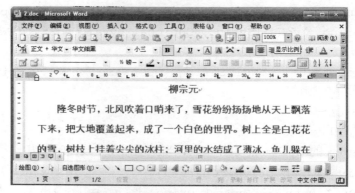

图 10-9　双击"2.doc"后的运行结果

思考题

一、单项选择题

1. 关于顺序文件的描述，下面正确的是 _____。

（A）　每条记录的长度必须相同

（B）　可通过编程对文件中的某条记录方便地修改

（C）　数据只能以 ASCII 码形式存放在文件中，所以可通过文本编辑软件显示

（D）　文件的组织结构复杂

2. 以下能判断是否到达文件尾的函数是_____。

（A）BOF　　　　　（B）LOC　　　　　　（C）LOF　　　　　　（D）EOF

3. 按文件的访问方式，文件分为 _____。

（A）　顺序文件、随机文件和二进制文件　　（B）　ASCII 文件和二进制文件

（C）　程序文件、随机文件和数据文件　　（D）　磁盘文件和打印文件

4. 在窗体上有一个文本框，代码窗口中有如下代码，则下述有关该段程序代码所实现的功能的正确的说法是_____。

```
Private Sub form_load()
  Open "C:\data.txt" For Output As #3
  Text1.Text = ""
End Sub
```

```
Private Sub text1_keypress(keyAscii As Integer)
 If keyAscii = 13 Then
   If UCase(Text1.Text) = "END" Then
     Close #3
     End
   Else
     Write #3, Text1.Text
     Text1.Text = ""
   End If
 End If
End Sub
```

（A）在 C 盘当前目录下建立一个文件

（B）打开文件并输入文件的记录

（C）打开顺序文件并从文本框中读取文件的记录，若输入 End 则结束读操作

（D）在文本框中输入的内容按回车键存入，然后文本框内容被清除

5. 文件号最大可取的值为 _____。

（A）255　　　　　（B）511　　　　　（C）512　　　　　（D）256

6. Print #1, STR$ 中的 Print 是_____。

（A）文件的写语句　　　　　　　　（B）在窗体上显示的方法

（C）子程序名　　　　　　　　　　（D）文件的读语句

7. 以下关于文件的叙述中，错误的是_____。

（A）使用 Append 方式打开文件时，文件指针被定位于文件尾

（B）当以输入方式(Input)打开文件时，如果文件不存在，则建立一个新文件

（C）顺序文件各记录的长度可以不同

（D）随机文件打开后，既可以进行读操作，也可以进行写操作

8. 要从磁盘上读入一个文件名为 "c:\t1.txt" 的顺序文件，下列_____是正确的语句。

（A）F = "c:\t1.txt"

　　Open F For Input As #2

（B）F = "c:\t1.txt"

　　Open "F" For Input As #2

（C）Open c:\t1.txt For Input As #2

（D）Open "c:\t1.txt" For Output As #2

9. 要从磁盘上新建一个文件名为 "c:\t1.txt" 的顺序文件，下列_____是正确的语句。

（A）F = "c:\t1.txt"

　　Open F For Input As #2

（B）F = "c:\t1.txt"

　　Open "F" For Output As #2

（C）Open c:\t1.txt For Output As #2

（D）Open "c:\t1.txt" For Output As #2

二、程序设计题

1. 以 Output 方式新建一个文本文件，并向此文件中输入文本。然后再利用文本框显示写入的文件内容。

2. 将一个英文文本文件读入文本框 Text1 中（该文件仅含有字母和空格），统计文本框 1 中被选中文本中从未出现过的字母（不区分大小写）。应用程序窗体如图 10-10 所示，将从未出现过的字母以大写形式显示在文本框 Text2 中。

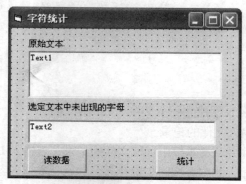

图 10-10 字符统计界面

3. 在 VB 的位运算中，异或具有这样的特点，第一个数和第二个数进行位异或可以得出第三个数，将第三个数字与第二个数字再进行异或就可以还原出第一个数字，如 1011 xor 1000=0011，0011 xor 1000=1011，利用这样的原理，设计一个包括三个文本框、一个命令按钮的界面，进行简单的字符加密与解密，应用程序窗体如图 10-11 所示。

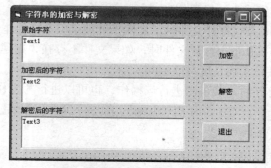

图 10-11 字符的加密与解密

PART 11

实验 11
对话框与菜单

实验目的

- 掌握 6 种形式的对话框的调用方法与使用方法；
- 掌握下拉菜单与弹出式菜单的制作方法；
- 掌握菜单事件响应代码的编写方法；
- 掌握工具栏的制作方法。

重点与难点

- 各种对话框的调用与使用；
- 两种形式的菜单制作与事件响应；
- 工具栏的制作与事件代码的响应。

实验 11-1　6 种对话框的调用与使用

【实验内容】

编程实现：6 种对话框的调用与使用。

【实验步骤】

1．界面设计

启动 VB，新建一个工程，单击菜单【工程】→【部件】，选中【控件】选项，选中列表中的 Microsoft Common Dialog Control 项与 Microsoft Rich Textbox Control 6.0 项，同时引入 CommonDialog 控件与 RichTextBox 控件。在窗体 Form1 上添加 1 个 RichTextBox 文本框、1 个通用对话框及 6 个命令按钮，并进行大小、位置的排版，如图 11-1 所示。

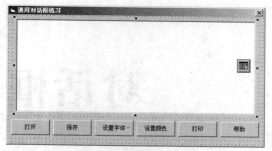

图 11-1　界面设计

2．属性设置

对所涉及的对象进行属性设置。如表 11-1 所示。

表 11-1　对象属性设置

对　象	属　性	属　性　值
Form1	Caption	通用对话框练习
RichTextBox1	名称	rtfText
	ScrollBars	rtfBoth
	Text	""
Command1	名称	cmdOpen
	Caption	打开
Command2	名称	cmdSave
	Caption	保存
Command3	名称	cmdFont
	Caption	字体
Command4	名称	cmdColor
	Caption	颜色
Command5	名称	cmdPrint
	Caption	打印
Command6	名称	CmdHelp
	Caption	帮助

3．实验素材的准备

（1）找一个 Word 文档，最好是既有文字，又有图片。将文件另存为 RTF 格式。

（2）使用查找功能，找到一个扩展名为.hlp 的帮助文件，如 C:\Windows\Help 文件夹下的 Access.hlp 文件，并把该文件拷贝到与保存工程相同的文件夹下，以便帮助对话框调用。

4．代码编写

（1）打开文件事件代码，可以打开两种格式的文件，即 Txt 与 Rtf 格式的两种类型文档。

```
Private Sub cmdOpen_Click()
    CommonDialog1.DialogTitle = "打开文件"
```

```
        CommonDialog1.FileName = ""
        CommonDialog1.Filter = "文本文件|*.txt|富文本文件|*.rtf"
'指定打开文件类型
        CommonDialog1.Flags          =          cdlOFNCreatePrompt         +
cdlOFNHideReadOnly '见主教材表 8-2
        CommonDialog1.ShowOpen
        rtfText.LoadFile CommonDialog1.FileName, 0
    End Sub
```

（2）保存文件事件代码。

```
    Private Sub cmdSave_Click()
        If Len(rtfText.Text) = 0 Then
            MsgBox "文件内容为空，无须保存！", vbExclamation + vbOKOnly
            Exit Sub
        End If
        CommonDialog1.DialogTitle = "保存文件"
        CommonDialog1.FileName = ""
        CommonDialog1.Filter = "文本文件|*.txt|富文本文件|*.rtf"
        CommonDialog1.Flags = cdlOFNCreatePrompt + cdlOFNHideReadOnly
        CommonDialog1.ShowSave
        rtfText.SaveFile CommonDialog1.FileName, rtfRTF
    End Sub
```

（3）字体按钮事件代码，设定字体必须先选定文本，否则无法继续！

```
    Private Sub cmdFont_Click()
        If rtfText.SelLength = 0 Or Len(rtfText.Text) = 0 Then
            MsgBox "没有选定相应的文本或文本为空，无法继续!", vbExclamation
+ vbOKOnly
            Exit Sub
        End If
        CommonDialog1.Flags = cdlCFBoth + cdlCFEffects
        CommonDialog1.ShowFont
        If CommonDialog1.FontName <> "" Then
            rtfText.SelFontName = CommonDialog1.FontName
            rtfText.SelFontSize = CommonDialog1.FontSize
            rtfText.SelBold = CommonDialog1.FontBold
            rtfText.SelItalic = CommonDialog1.FontItalic
            rtfText.SelStrikeThru = CommonDialog1.FontStrikethru
            rtfText.SelUnderline = CommonDialog1.FontUnderline
        End if
    End Sub
```

（4）颜色按钮事件代码，设定颜色也必须先选定文本。

```
        Private Sub cmdColor_Click()
          If rtfText.SelLength = 0 Or Len(rtfText.Text) = 0 Then
            MsgBox "没有选定相应的文本或文本为空，无法继续！", vbExclamation
    + vbOKOnly
            Exit Sub
          End If
          CommonDialog1.CancelError = True
          CommonDialog1.Flags = cdlCCRGBInit
          CommonDialog1.ShowColor
          rtfText.SelColor = CommonDialog1.Color
        End Sub
```

（5）打印按钮事件代码，打印可以只打印选定的文本，否则打印整个文档。

```
        Private Sub cmdPrint_Click()
          If Len(rtfText.Text) = 0 Then
            MsgBox "文件内容为空，无法打印！", vbExclamation + vbOKOnly
            Exit Sub
          End If
          CommonDialog1.Flags = cdlPDReturnDC + cdlPDNoPageNums
          If rtfText.SelLength = 0 Then
            CommonDialog1.Flags = CommonDialog1.Flags + cdlPDAllPages
          Else
            CommonDialog1.Flags=CommonDialog1.Flags + cdlPDSelection
          End If
          CommonDialog1.ShowPrinter
          rtfText.SelPrint CommonDialog1.hDC
        End Sub
```

（6）帮助按钮事件代码，必须保证 Access.hlp 文件与工程文件在同一文件夹，否则会出现查找帮助文件的对话框。

```
        Private Sub cmdHelp_Click()
          '设置 HelpCommand 属性，显示 Visual Basic 帮助目录主题
          CommonDialog1.HelpCommand = cdlHelpForceFile
          Dim fullpath As String
          If Right(App.Path, 1) = "\" Then ' 若 App.Path 为根目录
            fullpath = App.Path + "Access.hlp"
          Else
            fullpath = App.Path + "\" + "Access.hlp"
          End If
          CommonDialog1.HelpFile = fullpath
          '显示"帮助"对话框
          CommonDialog1.ShowHelp
```

```
        End Sub
```

5．调试运行

在程序运行前，先执行文件菜单下的"保存工程"，将整个工程保存下来，然后单击运行，首先通过打开功能打开一个事先编辑好的 Rtf 格式文档，如果不是此格式，请用 Word 的另外功能存为此格式的文档。然后分别设置"字体"、"颜色"，调用"保存"功能，测试打印效果，并单击"帮助"，打开 Access.hlp 帮助文件。运行效果如图 11-2、图 11-3 所示。

图 11-2　运行结果

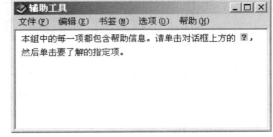

图 11-3　单击帮助后的运行结果

实验 11-2　下拉菜单的制作与事件响应

【实验内容】

编程实现一个与记事本功能相似的小软件。

【实验步骤】

1．界面设计

在窗体窗口拖放一个大小与窗体基本一致的 RichTextBox 控件（此控件必须先于部件中引入，具体方法见实验 11-1）。

2．属性设置

按表 11-2 所示设置好 Form 与 RichTextBox 控件属性。

3．进入菜单编辑器

在窗体 Form1 上点鼠标右键，选择"菜单编辑器"单击，启动菜单编辑器，如图 11-4 所示。

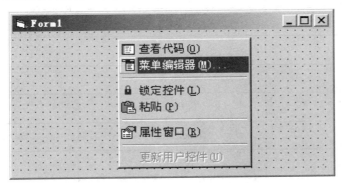

图 11-4　启动菜单编辑器

4．设计菜单

定义 3 个主菜单，分别为"文件"、"编辑"、"格式"。在每一主菜单下定义子菜单功能，其中"文件"子菜单包括"打开"、"另存"、"打印"、"退出"；"编辑"子菜单包括"复制"、"粘贴"、"全选"等；"格式"则由"字体"、"前景色"、"背景色"等功能组成。制作子菜单时，必须点向右箭头使菜单从位置上向右缩进，按照"文件"、"编辑"、"格式"的顺序制作完所有菜单。并为某些子菜单定义快捷键，各菜单的属性见表 11-3，制作完后的效果如图 11-5 所示。

表 11-2　实验 11-2 对象属性设置

对　象	属　性	属　性　值
Form1	Caption	模拟记事本
	BorderStyle	Fixed Dialog
RichText1	名称	rtfText
	ScrollBars	rtfBoth
	Text	""

表 11-3　菜单属性定义

标　题	名　称	快　捷　键
文件	File	
打开	Open	Ctrl+O
另存	Save	Ctrl+S
打印	Print	Ctrl+P
—	seperate1	
退出	Exit	
编辑	Edit	
复制	Copy	Ctrl+C
粘贴	Paste	Ctrl+V
全选	SelectAll	Ctrl+A
格式	Format	
字体	Font	
前景色	ForeColor	
背景色	BackColor	

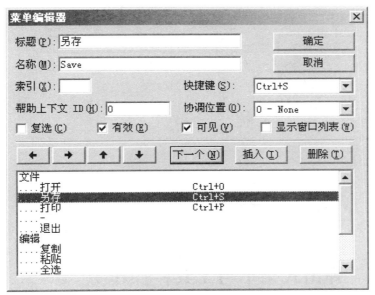

图 11-5　下拉菜单制作

5．代码编写

（1）定义全局变量：sClipBoard，用于保存复制后的字符串。

```
Dim sClipBoard as String
```

（2）"打开"、"另存"、"字体"、"前景色"、"背景色"、"打印"部分代码请参照实验 11-1。

（3）复制功能代码。

```
Private Sub Copy_Click()
 If Len(RichTextBox1.SelText)>0 Then sClipBoard  =
RichTextBox1. SelText
 End Sub
```

（4）粘贴功能代码。

```
Private Sub Paste_Click()
 If Len(sClipBoard) > 0 Then RichTextBox1.SelText = sClipBoard
End Sub
```

（5）全选功能代码。

```
Private Sub selectAll_Click()
  RichTextBox1.SelStart = 0  '指定起始位
  RichTextBox1.SelLength = Len(RichTextBox1.Text) '指定终止位
  RichTextBox1.SetFocus
End Sub
```

6．调试运行

在程序运行前，先执行文件菜单下的"保存工程"，将整个工程保存下来，然后单击运行，文件与格式功能在前一实验已经验证，所以只须验证编辑功能是否能实现，随便输入一些文字，先复制、后粘贴看是否能得到相应的结果。运行结果如图 11-6 所示。

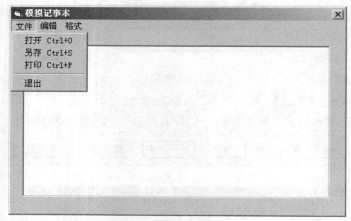

图 11-6　实验 11-2 运行结果

实验 11-3　弹出式菜单与工具栏操作

【实验内容】

在实验 11-2 的基础上，增加一个右键菜单，把下拉菜单的部分功能添加到此右键菜单中。并在窗体的上方添加一个工具栏，为下拉菜单的部分功能设置工具栏快捷方式。

【实验步骤】

（1）准备工具栏图标。假设为"打开"、"保存"、"打印"、"字体"、"复制"、"粘贴" 6 个子项建立快捷工具按钮，可以考虑从网上下载或直接截图。

（2）引入部件，执行工程菜单下部件子菜单命令，引入 Toolbar 与 ImageList 控件，方法见主教材工具栏与状态栏的操作。

（3）在窗体上利用鼠标拖放放置一个 Toolbar1 控件与 ImageList1 控件。

（4）弹出式菜单属性设置，如表 11-4 所示。

表 11-4　增加的对象属性设置

标　题	名　称	可见否
右键菜单	RightMenu	否
保存	popup_Save	是
打印	popup_Print	是
字体	popup_Font	是
颜色	popup_Color	是

（5）编写响应鼠标右键代码。在 RichTextBox1 的 MouseDown 事件下编写下面代码。

```
Private Sub RichTextBox1_MouseDown(Button As Integer, Shift
As Integer, x As Single, y As Single)
    If Button = vbRightButton Then PopupMenu RightMenu,
vbPopupMenuLeftAlign
    End Sub
```

RightMenu 为右键菜单名称。菜单下的事件响应可以使用 Call 命令调用相应的菜单事件即可。

（6）为 ImageList1 添加图片。在 ImageList1 中属性窗口引入事先准备的图标文件。

（7）为 Toolbar1 控件添加工具按钮。标题分别为"打开"、"保存"、"打印"、"字体"、"复制"、"粘贴"，并按要求分别指定关键字"T_Open"、"T_Save"、"T_Print"、"T_Font"、"T_Copy"、"T_Paste"。

（8）指定 Toolar1 的图像列表为 ImageList1，并设置 ToolBar 中每个按钮的对应图像索引值。

（9）为工具按钮编写事件响应代码。在 Toolbar 的 ButtonClick 事件中书写以下代码。

```
        Private Sub Toolbar1 ButtonClick(ByVal Button As
    MSComctlLib.Button)
            Select Case Button.Key
              Case "T_Open"
                  Call Open_Click          '调用下拉菜单"打开"代码
              Case "T_Save"
                  Call Save_Click          '调用下拉菜单"保存"代码
              Case "T_Print"
                  Call Print_Click         '调用下拉菜单"打印"代码
              Case "T_Font"
                  Call Font_Click          '调用下拉菜单"字体"代码
              Case "T_Copy"
                  Call Copy_Click          '调用下拉菜单"复制"代码
              Case "T_Paste"
                  Call Paste_Click         '调用下拉菜单"粘贴"代码
            End Select
        End Sub
```

（10）调试运行。在程序运行前，先执行文件菜单下的"保存工程"，将整个工程保存下来，然后点单击运行，在空白地方按右键，验证是否有图 11-7 中所示的弹出菜单。

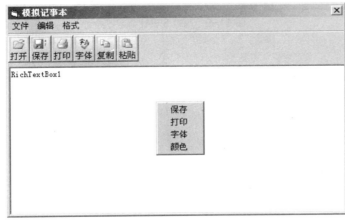

图 11-7　工具栏与弹出式菜单

思考题

1. 利用通用对话框控件编写一程序，可以实现打开一个指定的文本，并将文件路径显示在文本框 Text1 控件上。

2. 利用打印对话框，打印文本框 Text1 中选定的一段文本。

3. 在窗体中设计下拉菜单，模拟实现 IE 文件与查看两个主要菜单项。实验运行效果如图 11-8 所示。

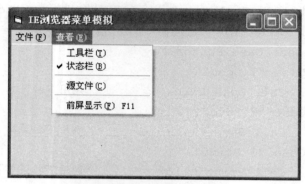

图 11-8　IE 菜单模拟

4. 利用工具栏的制作方法，模拟制作 IE 标准按钮工具栏。

5. 设计一个实验如图 11-9 左图所示的菜单系统，并为菜单项编写有关的程序代码；设置一个实验如图 11-9 右图所示的弹出菜单并编写有关的事件过程。

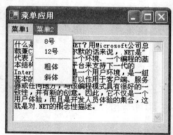 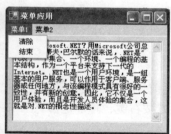 

图 11-9　习题 5 设计与运行界面

实验 12
程序调试与出错处理

实验目的

- 掌握 Visual Basic 常用程序调试方法；
- 学会利用各种"调试"窗口观察、跟踪变量值的变化；
- 掌握错误捕获语句的使用，学会编写出错处理程序；

重点与难点

- 运行时错误和逻辑错误；
- 调试工具的使用；
- 程序调试过程；
- 错误捕获及处理程序的设计。

实验 12-1 程序调试

编程实现计算阶乘的程序，功能：当用户输入一个正整数时，程序自动对输入的数据进行检查。如果数据有效，则求出阶乘数值，并显示计算结果；如果数据无效，则给出提示信息，要求重新输入数据。

下面按通常的程序设计和程序调试两个步骤来操作。

1. 程序设计

（1）界面布局

启动 VB，新建一个工程，在窗体 Form1 上添加几个控件：3 个标签控件 Label、1 个文本框控件 TextBox 和 1 个命令按钮控件 CommandButton。界面布局如图 12-1 所示，控件属性设置如表 12-1 所示。

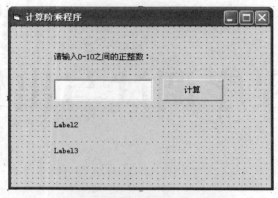

图 12-1　计算阶乘程序界面布局

表 12-1　属性设置表

控件对象名称	属　性	设　定　值	说　明
Form1（窗体）	Caption	计算阶乘程序	
Label1（标签控件）	Caption	请输入 0~10 的正整数	用于向用户显示提示信息
Label2（标签控件）	Caption		用于显示提示信息
Label3（标签控件）	Caption		用于显示运算结果信息
Text1（文本框控件）	text		用于输入数据
Command1(命令按钮控件)	Caption	计算	用于交互命令输入

（2）编写程序代码

```
Option Explicit
'① 数据检查函数 Datacheck: 对用户输入的数据进行有效性检测。
Function DataCheck()
    Dim n As Integer
    n = Val(Text1.Text)        '将用户在文本框中输入的数字字符转换成数值数据
    If n > 10 And n < 0 Then    '对数据进行有效性检测
        Label2.Caption = "输入数据超出有效范围，请重新输入！"
        Label3.Caption = ""        ' 清除原来的标签显示内容
        DataCheck = -1
    Else
        DataCheck = n
        Label2.Caption = "阶乘计算结果为："
    End If
End Function
'② 求正整数阶乘的函数 Factorial: 对数据进行阶乘计算，是一个递归调用函数。
Function Factorial(ByVal n As Integer) As Integer
    If n = 0 Or n = 1 Then
        Factorial = 1                '如果输入数据为 0 或 1，按定义阶乘值=1
    Else
```

```
            Factorial = n * Factorial(n - 1)      '按递归算法计算阶乘值
    End If
End Function
```
'③ 计算命令按钮事件过程 Command1_Click：调用函数进行数据检测和阶乘计算。
```
Private Sub Command1_click()
    Dim x As Long
    x = DataCheck()               '调用数据检测函数
    If x >= 0 Then                '如果数据有效，用 Label3 控件中显示计算结果
        Label3.Caption = Str$(Factorial(x))
    End If
End Sub
```
'④ 窗体加载事件 load 过程用于初始化
```
Private Sub Form_Load()
    Label2.Caption = ""                    '初始化 Label1 和 Label2 两个标签为空
    Label3.Caption = ""
End Sub
```
（3）运行程序

运行程序，输入一个正整数 5，单击"计算"按钮，得到如图 12-2 所示结果。输入数字 −1，没有显示输入数据出错信息，看到的是图 12-3 所示的现象。显然是一个错误结果，说明程序对超出规定范围（0～10 的正整数）的数据不能进行正确的检测和处理。

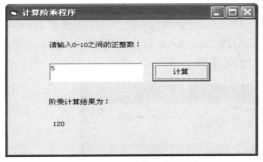

图 12-2　输入 5 计算 5 的阶乘

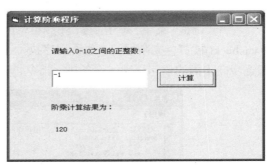

图 12-3　输入 −1 的计算结果

为此，需要进行程序调试，查找出错的位置并予以修正。

2. 调试程序

由于输入数据 −1 时程序没有给出错误提示信息，因此，推测错误可能在检测输入数据有效性的函数 Datacheck 部分。

（1）设置断点

打开代码窗口，找到命令按钮 click 事件过程，在 x = DataCheck() 语句行设置断点。设置断点的方法是：打开"调试"菜单，单击"切换断点"菜单项或按 F9 键，所选语句会出现一条红色亮条，以标识断点，如图 12-4 所示。

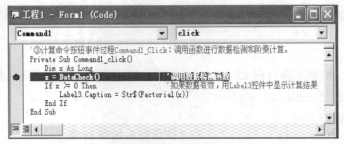

图 12-4　设置断点

（2）运行程序

再次运行程序，输入数据-1，单击"计算"按钮，程序运行到断点处会中断执行。刚才设置断点处的语句被黄色亮条标记，并有一黄色箭头指向中断位置，如图 12-5 所示。

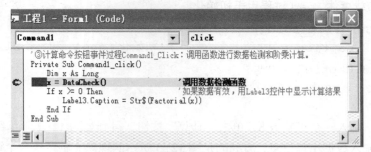

图 12-5　程序中断执行位置被标记出来

（3）单步执行程序

打开"调试"菜单，单击"逐语句"菜单或按下 F8 键，单步执行程序。这时，函数 Function Datacheck()被黄色亮条标记，表示程序执行进入到函数 Datacheck（ ）。继续按 F8 键，黄色亮条逐步向下面的语句移动，逐条执行指令，如图 12-6 所示。

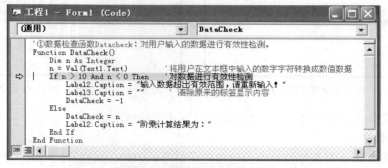

图 12-6　程序开始逐条语句执行

当黄色亮条移到判断语句"if n>10 and n<0 then"时，再按 F8 键，黄色亮条直接跳到 Else 语句，没有执行 if 后面的语句 "Lable2.caption="输入数据超出有效范围，请重新输入！""，如图 12-7 所示。表明问题出在这里。

仔细分析 if 语句的判断条件，发现 "n>10 and n<0"不可能成立，所以，无论输入什么样的数据，程序都不会执行显示出错信息的语句。

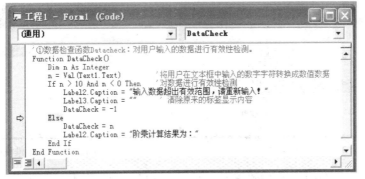

图 12-7　程序跳到 Else 语句执行，没有做出正确判断

（4）修正错误，去掉断点，重新运行

回到设计模式，把判断条件改为"if n>10 or n<0"，修正逻辑错误。

在"调试"菜单中选择"清除所有断点"，去掉刚才设置的断点。

运行程序，当输入超出范围的数据如−1、11 时，程序能给出错误信息，如图 12-8 所示。

接着输入允许的最大值 10，单击"计算"按钮，弹出图 12-9 所示的溢出错误对话框。说明仍有错误，还得继续调试。

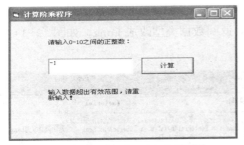

图 12-8　程序正确运行结果

图 12-9　溢出错误

（5）继续调试

单击图 12-9 的溢出错误对话框中的"调试"按钮，发现程序被中断在阶乘函数中黄色部分的语句，如图 12-10 所示。

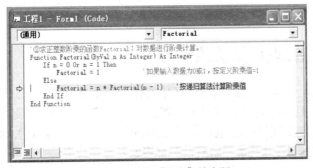

图 12-10　在"溢出"处中断

（6）打开"本地窗口"，观察变量

单击"视图"菜单，选择"本地窗口"，显示"本地窗口"对话框，如图 12-11 所示。再单击"本地窗口"中右侧调用堆栈"…"按钮，显示"调用堆栈"窗口，如图 12-12 所示。

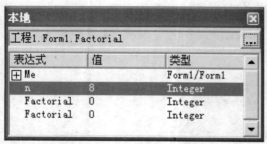

图 12-11　本地窗口

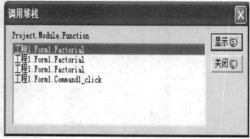

图 12-12　调用堆栈窗口

发现 n=8 时没有继续执行程序，而发生了"溢出"中断，阶乘函数还有 n=8、9、10 时没有递归迭代。

（7）运行程序，仔细观察、分析

重新运行程序，输入数据 7，单击"计算"，显示 7! 的正确结果 5 040，如图 12-13 所示。再输入数据 8，单击"计算"，结果又出现如图 12-9 所示的"溢出"错误。

因为 8! =5 040×8=40 320，超出了 Integer 类型范围的最大值 32 767。于是怀疑是否阶乘函数 Factorial 的返回数据类型定义成了 Integer？经仔细检查，果然发现阶乘函数 Factorial 的数据类型定义成了 Integer。

（8）排除错误

为了扩大 Factorial 函数返回数据范围，将其返回数据类型改成 Long，如图 12-14 所示。再重新运行程序，输入各种数据，结果均正确。

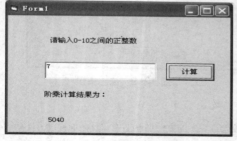

图 12-13　验证 7!

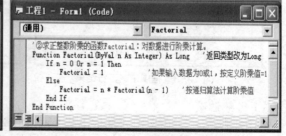

图 12-14　Factorial 函数返回类型改为 Long

至此，程序调试完毕。

实验 12-2　错误捕获及处理

在程序的实际运行中，还会因为操作环境变化引起程序运行错误。例如，程序运行中要打开光盘上的文件，但实际运行时光盘驱动器上没有光盘，这就会引起出错。为了避免这类情况发生，就要在可能出现错误的地方设置错误陷阱（Error Trapping），捕获错误，并做出相应处理，如进行适当提示、重试，使错误得到解决。

下面用捕获错误 On Error 语句设计一个错误处理程序，功能是对于光盘驱动器中无光盘进行出错处理。

1. 错误处理程序代码

错误处理代码放在命令按钮单击事件 Click 过程中，具体如下：

```
Private Sub Command1_Click()
      Dim filename As String
      Dim res As Integer
      filename = "G:\student.txt"          '假设光盘驱动器盘符为 G:
      On Error GoTo Erroroccured  '开始捕捉错误，后面若发生错误，转到
Erroroccured
      Open filename For input As #1          '打开光盘上的 Test.txt 文件
      Close #1
      Exit Sub
      Erroroccured:
      If Err.Number = 71 Then          '判断光盘驱动器中是否有无盘错误
      res = MsgBox("请在光驱中插入光盘,准备好后请按重试", vbRetryCancel,
"光盘未准备好！")
          If res = vbRetry Then Resume          '如果选择重试，重新打开文件，否
则退出此过程
          End If
End Sub
```

2. 运行程序

如果发生错误，将出现图 12-15 所示的结果。

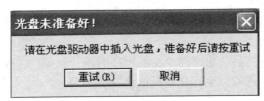

图 12-15　光盘未准备好提示信息

思考题

1. 程序错误有几种类型？一般在什么情况下发生？
2. 立即窗口、本地窗口、监视窗口、调用堆栈窗口有什么区别？一般在什么情况下使用？
3. 监视表达式放在什么窗口中？有什么作用？
4. On Error 错误捕捉语句和 Resume 语句组合使用常用哪几种？各有什么特点？
5. 全局错误对象 Err 有哪些属性？在编程中怎样使用？

PART 13

实验 13
图形操作

实验目的

- 掌握 Visual Basic 常用图形控件的使用;
- 掌握 Visual Basic 常用的绘图方法;
- 初步学会简单绘图程序的设计方法。

重点与难点

- 坐标系统;
- 绘图属性;
- 常用绘图方法。

本实验为简单设计性实验。通过简单绘图程序的设计和操作,进一步熟悉常用绘图方法,巩固图形操作有关知识,逐步体会程序设计的趣味性。

简单绘图程序设计

【实验要求】

设计一个如图 13-1 所示布局的窗体,有两组单选按钮控件数组,其中一组单选按钮数组用于选择形状,另一个单选按钮数组用于选择矩形和圆的填充图案,任选一个形状,便可在图片框中拖曳出相应的图形。画笔宽度用文本框控件和上下微调控件组合调整。图形线条颜色由线条颜色按钮设置,其背景色作为颜色提示用。矩形、圆的填充颜色由填充颜色按钮设置,其背景作为颜色提示用。清除图片框画布的内容由一个清除内容按钮完成。在窗体中还设置一个退出程序按钮。

【实验步骤】

1. 界面设计

在窗体中,添加如下一些控件:2 个框架 Frame 控件、2 组单选按钮控件数组(一个单选按钮数组 optShapes 用于选择形状,另一个单选按钮数组 optFillPatterns 用于选择填充图案)、1 个标签 Label 控件、1 个文本框控件 TextBox、1 个上下微调 UpDown 控件、4 个命令按钮

CommandButton、1 个公共对话框 CommonDialog 控件、1 个图片框 PictureBox 控件。

图 13-1　绘图程序界面布局

2. 属性设置

窗体中各控件对象的属性设置如表 13-1 所示。

表 13-1　属性设置表

控件对象名称	属性	设定值
Form	名称	frmPlotting
	Caption	简单绘图程序
Frame1	名称	fraSelectShape
	Caption	选择形状
Frame2	名称	fraFillPattern
	Caption	填充图案
OptionButton 数组 1	名称	optShapes
OptionButton 数组 2	名称	optFillPatterns
Label	名称	Label1
	Caption	线条粗细
TextBox	名称	txtThickness
	Caption	1
UpDown	名称	updThicknessSet
	Max	100
	Min	1
CommandButton1	名称	cmdColor
	Caption	设置笔画颜色
CommandButton2	名称	cmdFillColor
	Caption	填充颜色
CommandButton3	名称	cmdClear
	Caption	清除内容
CommandButton4	名称	cmdExit
	Caption	退出程序
PictureBox	名称	picCanvas
	AutoRedraw	True
CommonDialog	名称	dlgColor

3. 程序代码

（1）定义窗体模块级变量

```
Option Explicit
Dim XStart As Single, YStart As Single    '定义用于记录鼠标开始单击时的
坐标变量
Dim XOld As Single, YOld As Single        '定义用于记录老的坐标变量
Dim intShape As Integer                   '定义用于记录选择形状的变量
Dim lngColor As Long                      '定义用于记录线条颜色变量
Dim intFillPattern As Integer             '定义用于记录填充图案的变量
Dim intThickness As Integer               '定义用于记录线条粗细的变量
Dim lngFillColor As Long                  '定义用于记录填充颜色的变量
```

（2）在窗体的 Load 事件过程中初始化

```
Private Sub Form_Load()
    picCanvas.ScaleMode = 3               '图片框画布坐标单位为像素 Pixel
    intShape = 0                          '初始化选择直线形状
    intFillPattern = 0                    '填充图案初始化实心，即值为 0
    txtThickness.Text = "1"               '线条粗细文本框初始化为 1
    updThicknessSet.Value = 1
    intThickness = 1                      '线条粗细初始化为 1
    lngColor = RGB(0, 0, 0)               '线条初始化颜色为黑色
    lngFillColor = RGB(255, 255, 255)     '填充颜色初始化为白色
End Sub
```

（3）在图片框中按下鼠标时执行的事件过程代码

```
Private Sub picCanvas_MouseDown(Button As Integer, Shift As Integer,
X As Single, Y As Single)
    If Button = 1 Then            '判断是否按下鼠标左键，如果是就执行相关语句
        XStart = X                '保存按下鼠标左键时的坐标
        YStart = Y
        XOld = XStart
        YOld = YStart
        '设置绘图模式为 6，即为 Invert 方式
        picCanvas.DrawMode = 6
        '设置画布相关属性
        picCanvas.DrawWidth = intThickness
        picCanvas.FillStyle = intFillPattern
        picCanvas.FillColor = lngFillColor
        picCanvas.ForeColor = lngColor
        If intShape = 4 Then          '如果是橡皮擦，按下鼠标左键时就开始擦除
            picCanvas.DrawMode = 13   '临时设置绘图模式为 Copy Pen 方式
            picCanvas.PSet (X, Y),        picCanvas.BackColor
```

```
                picCanvas.DrawMode = 6        '恢复绘图模式为 Invert 方式
            End If
        End If
End Sub
```

（4）在图片框中移动鼠标时执行的事件过程代码

```
    Private Sub picCanvas_MouseMove(Button As Integer, Shift As Integer,
X As Single, Y As Single)
        If Button <> 1 Then Exit Sub        '如果不是鼠标左键按下，则退出
        Select Case intShape                    '根据选择形状，绘图过渡形状
            Case 0
                picCanvas.Line (XStart, YStart)-(XOld, YOld)
                picCanvas.Line (XStart, YStart)-(X, Y)
            Case 1
                picCanvas.Line (XStart, YStart)-(XOld, YOld), , B
                picCanvas.Line (XStart, YStart)-(X, Y), , B
            Case 2
                picCanvas.Circle (XStart, YStart), Sqr((XOld - XStart) ^ 2 + (YOld -
YStart) ^ 2)
                picCanvas.Circle (XStart, YStart), Sqr((X - XStart) ^ 2 + (Y -
YStart) ^ 2)
            Case 3
                picCanvas.DrawMode = 13
                picCanvas.Line (XOld, YOld)-(X, Y)
            Case 4                            '如果是橡皮擦，则移动鼠标过程中进行擦除
                picCanvas.DrawMode = 13
                picCanvas.PSet (X, Y), picCanvas.BackColor
                picCanvas.DrawMode = 6
        End Select
        XOld = X        '保存当前坐标，用于下一次的过渡线的擦除绘制
        YOld = Y
End Sub
```

（5）在图片框中释放鼠标时执行的事件过程代码

```
    Private Sub picCanvas_MouseUp(Button As Integer, Shift As Integer,
X As Single, Y As Single)
        picCanvas.DrawMode = 13                '设置绘图模式为 Copy Pen 方式
        Select Case intShape                '根据选择形状画图
            Case 0
                picCanvas.Line (XStart, YStart)-(X, Y)
            Case 1
                picCanvas.Line (XStart, YStart)-(X, Y), , B
```

```
        Case 2
            picCanvas.Circle (XStart, YStart), Sqr((X - XStart) ^ 2 + (Y -
YStart) ^ 2)
    End Select
End Sub
```

（6）指定形状单选按钮数组单击事件过程代码

```
Private Sub optShapes_Click(Index As Integer)
    intShape = Index
End Sub
```

（7）指定填充图案单选按钮数组单击事件过程代码

```
Private Sub optFillPatterns_Click(Index As Integer)
    intFillPattern = Index
End Sub
```

（8）设置线条颜色命令按钮事件过程代码

```
Private Sub cmdColor_Click()
    dlgColor.ShowColor                      '打开颜色对话框
    lngColor = dlgColor.Color
    cmdColor.BackColor = lngColor           '设置线条颜色按钮背景为线条颜色，
用于提示
End Sub
```

（9）设置填充颜色命令按钮事件过程代码

```
Private Sub cmdFillColor_Click()
    dlgColor.ShowColor                       '打开颜色对话框
    lngFillColor = dlgColor.Color
    cmdFillColor.BackColor = lngFillColor    '设置填充颜色按钮背景
为填充颜色，用于提示
End Sub
```

（10）利用文本框控件设置线条粗细事件过程代码

```
Private Sub txtThickness_Change()
    If Val(txtThickness.Text) < 1 Then       '线条粗细最小为1
        intThickness = 1
        updThicknessSet.Value = 1
    End If
    If Val(txtThickness.Text) > 100 Then     '线条粗细最大为100
        intThickness = 100
        updThicknessSet.Value = 100
    End If
    intThickness = Val(txtThickness.Text)    '设置线条粗细
    updThicknessSet.Value = intThickness
    '将光标置于最后
```

```
    txtThickness.SelStart = Len(txtThickness.Text)
    txtThickness.SelLength = 1
End Sub
```

（11）利用上下微调控件调整线条粗细事件过程代码

```
Private Sub updThicknessSet_Change()
    txtThickness.Text = Str(updThicknessSet.Value)    '将值反应到文本框
控件 txtThickness
    intThickness = Val(txtThickness.Text)
End Sub
```

（12）清除图片框内容的命令按钮事件过程代码

```
Private Sub cmdClear_Click()
    picCanvas.Cls
End Sub
```

（13）退出程序命令按钮事件过程代码

```
Private Sub cmdExit_Click()
    End
End Sub
```

4．运行程序

程序运行后，效果如图 13-2 所示。

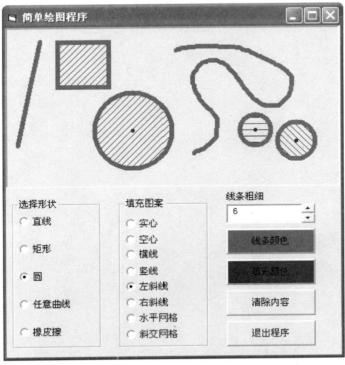

图 13-2　简单绘图程序运行效果

思考题

1. 用图形控件和用绘图方法绘图有什么区别？

2. 窗体、图片框的 AutoRedraw 属性的功能是什么？事件 Paint 什么时候发生？

3. 设计一个虚拟波形发生器，程序界面如图 13-3 所示。要求能根据波形的幅值、周期和相位等参数的设置情况，产生方波、正弦波、三角波和锯齿波，波形显示在窗体中的图片框内。

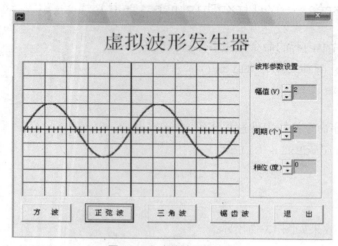

图 13-3　虚拟波形发生器

实验 14 数据库技术

实验目的

● 掌握数据库系统的概念；

● 熟练运用 Visual Basic 数据库管理器创建数据库、数据表；

● 掌握 Data 控件、ADO 控件的应用。

重点与难点

● 运用 Visual Basic 数据库管理器创建数据库、数据表；

● Data 控件、ADO 控件的应用；

● 编写简单的数据库应用程序。

实验 14-1 运用数据库管理器创建 Access 数据库、数据表

【实验内容】

利用 Visual Basic 数据库管理器，创建一个 Access 数据库，并给数据库创建两个数据表。输入少量测试数据，最后利用 SQL 语言联合查询两个表的数据。

【实验步骤】

1．创建数据库与数据表

假设数据库名：School.Mdb，两个数据表名分别为：Student（学生信息）、Class（班级信息）。两表字段信息见表 14-1、表 14-2。假设两表的测试数据为表 14-3。

表 14-1 Student 表字段信息

字 段 名	数据类型	长 度	是否主关键字	允许零长度	中文含义
StudentCode	Text	10	是	否	学号
StudentName	Text	8	否	否	姓名
Sex	Text	2	否	否	性别
TelePhone	Text	12	否	是	联系电话
ClassCode	Text	4	否	是	班级号

表 14-2 Class 表字段信息

字 段 名	数据类型	长 度	是否主关键字	允许零长度	中文含义
ClassCode	Text	4	是	否	班级编号
ClassName	Text	12	否	否	班级名称
Teacher	Text	8	否	否	班主任

表 14-3 表测试数据

Student 表					Class 表		
学号	姓名	性别	联系电话	班级号	班级号	班级名	班主任
2010010101	王伟	男	091-23456433	0101	0101	护理 1 班	张在安
2010010202	刘微	女	071-23456435	0102	0102	护理 2 班	刘思量
2010010301	丁力	男	091-23456433	0103	0103	护理 3 班	唐军

2．启动数据库管理器

启动 VB，新建一个工程，单击"外接程序"菜单中的"可视化数据管理器"，如图 14-1 所示。

图 14-1 可视化数据管理器

3．创建数据库

在可视化数据管理器的菜单栏中，选择"文件"菜单中的"新建"，随后在其子菜单中选择 Microsoft Access(M)及下级子菜单中的 Version 7.0 MDB(7)，打开"选择要创建的 Microsoft Access 数据库"对话框。在该对话框的"保存类型"框中选择库文件类型，在"保存在"框中选择路径，在"文件名"框中输入库文件名，最后单击"保存"按钮即可创建一个如图 14-2 所示的数据库。

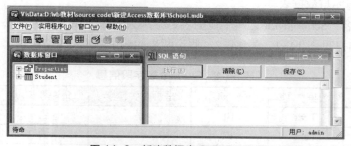

图 14-2 新建数据库 School.Mdb

4．新建数据表

按表 14-1 规定的字段名称、类型、大小等新建数据表 Student。在数据库窗口中单击鼠标右键，在其弹出的快捷菜单中单击"新建表"命令，将显示如图 14-3 所示的"表结构"对话框。在"表名称"框中输入表名，之后单击"添加字段"按钮，打开如图 14-4 所示的"添加字段"对话框。

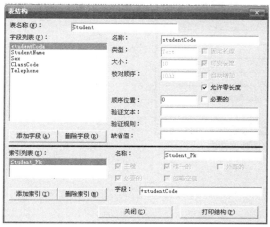

图 14-3　表结构对话框　　　　　　　　图 14-4　添加字段对话框

5．为表添加索引

单击"表结构"对话框的"添加索引"按钮，在弹出的对话框中输入索引名称，选择索引字段后，单击"确定"按钮即完成了索引的建立过程。Student 表索引字段为 StudentCode，Class 表索引字段 ClassCode，其中 Student 索引建立后的效果见图 14-3 下部。

6．向表添加数据

在"数据库窗口"中右击欲添加记录的表，在弹出的快捷菜单中单击"打开"命令，打开如图 14-5 所示的"表数据维护"窗口。单击"添加"按钮，在图 14-6 所示的窗口中录入一条记录的各项内容，然后再次单击"添加"按钮录入下一条记录，直至录入全部记录内容，最后单击"关闭"按钮。

图 14-5　表数据维护窗口　　　　　　　图 14-6　添加记录窗口

7．利用 SQL 联合查询两表数据

利用实用程序下的查询生成器或直接在右边的 SQL 窗口输入下列查询语句：
Select .StudentCode,a.StudentName,a.Sex,a.Telephone,b.ClassName,b.Teacher from Student as a,Class as b where a.ClassCode=b.ClassCode。
保存查询，命名为 SQL1（此查询在下一实验将用到），单击运行，得到图 14-7 所示的效果。

在此图中，班级名与班主任通过 ClassCode 连接，形成一致的完整描述。

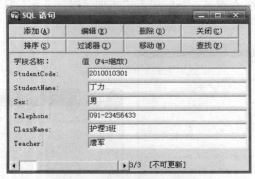

图 14-7　联合查询数据窗口

实验 14-2　Data 控件的使用

【实验内容】

编程实现：对实验 14-1 建立的数据库利用 Data 控件浏览。

【实验步骤】

（1）界面设计。启动 VB，新建一个工程，在窗体 Form1 上添加 6 个标签、6 个文本框、1 个 Data 控件，并进行大小、位置的排版，如图 14-8 所示。

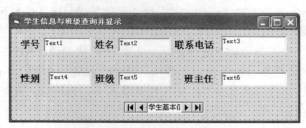

图 14-8　实验 14-2 界面设计

（2）属性设置。对所涉及的对象进行属性设置。其中 Label 类控件只要设置其标题（Caption），并统一设置字体(见图 14-8)，在此不做详细描述，其他对象的属性如表 14-4 所示。

表 14-4　实验 14-2 对象属性设置

对　象	属　性	属　性　值
Form1	Caption	学生信息与班级查询并显示
Data1	DataBaseName	存储在文件夹下的 School.Mdb
	RecordSetType	Dynaset
	RecordSource	SQL1(上一实验已建立)
Text1	DataSource	Data1
	DataField	StudentCode
Text2	DataSource	Data1
	DataField	StudentName

对　象	属　性	属 性 值
Text3	DataSource	Data1
	DataField	Telephone
Text4	DataSource	Data1
	DataField	Sex
Text5	DataSource	Data1
	DataField	ClassName
Text6	DataSource	Data1
	DataField	Teacher

（3）代码编写。本实验无须编写任何代码，直接运行就可以实现记录的前后移动。

（4）调试运行。在程序运行前，先执行文件菜单下的"保存工程"，将整个工程保存下来，然后运行，单击 Data1 上相应的图标，看是否能得到相应的结果。运行效果如图 14-9 所示。

图 14-9　实验 14-2 运行结果

实验 14-3　ADO 控件的使用

【实验内容】

利用 ADO 控件的数据编辑功能，实现对数据表的增、删、查、改。

【实验步骤】

（1）新建数据库，利用 Microsoft Access 2003 新建一数据库 School.Mdb，并在此数据库中建立数据表 Student，数据表包含的字段如表 14-5 所示，其中 Photo 保存的是图片文件的相对存储路径。必须事先集中保存在与工程文件相同的文件夹中。建表完后输入一些测试数据。

表 14-5　Student 表字段信息

字 段 名	数据类型	长 度	是否主关键字	允许零长度	中文含义
StudentCode	Text	10	是	否	学号
StudentName	Text	8	否	否	姓名
Sex	Text	2	否	否	性别
Birthday	Text	12	否	是	出生日期

字 段 名	数据类型	长 度	是否主关键字	允许零长度	中文含义
photo	Text	20	否	是	相片
Score	Single		否	是	考试分数

（2）界面设计。启动 VB，新建一个工程，在窗体 Form1 上添加标签、文本框、按钮、一个 Frame 控件以及 Image 控件，并使 Image 位于 Frame 内，一个 AdoDc 控件（必须先于部件中引入，方法见主教材）。如图 14-10 所示。

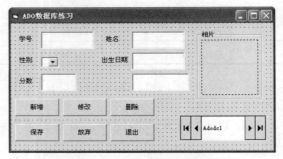

图 14-10　实验 14-3 界面设计

（3）属性设置。对所涉及的对象进行属性设置。属性设置方法与前述实验大同小异，在此不再赘述。为了避免复制到异地后程序不能正确运行，Adodc 控件的属性在代码中动态设置。

（4）代码编写。代码编号是本实验的焦点功能。涉及的控件比较多，下面一一实现。

① 定义全局变量与公用过程。

```
Dim UserAction As String    '指示用户数据编辑状态
Private Sub EnableButtons(B As Boolean)    '设置各按钮的可用性
  cmdNew.Enabled = B
  cmdAlter.Enabled = B
  cmdDelete.Enabled = B
  cmdExit.Enabled = B
  cmdSave.Enabled = Not B
  cmdCancel.Enabled = Not B
End Sub
```

② Adodc 属性设置，由于数据在窗体诞生后立即显示，故这些属性的设置选在窗体的 Form_Load 事件中。

```
Private Sub Form_Load()
  Adodc1.ConnectionString                                    =
"Provider=Microsoft.Jet.OLEDB.4.0;Data Source=" + App.Path +
"\student.mdb;Persist Security Info=False"
  Adodc1.CommandType = adCmdTable    ' 数据来源于表
  Adodc1.RecordSource = "students"    ' 指定数据源
  Adodc1.Refresh                      ' 打开表
  UserAction = "Browse"               '用户数据浏览状态
```

```
      End Sub
```

③ 将记录移动时，相片发生相应的改变。

```
      Private    Sub    Adodc1_MoveComplete(ByVal    adReason    As
ADODB.EventReasonEnum, ByVal pError As ADODB.Error, adStatus As
ADODB.EventStatusEnum, ByVal pRecordset As ADODB.Recordset)
      If UserAction <> "Browse" Then Exit Sub      '非浏览状态退出
      If Not Adodc1.Recordset.EOF And Not Adodc1.Recordset.BOF
Then
            Image1.Picture = LoadPicture(App.Path + "\" + Adodc1.
Recordset. Fields("photo"))
      End If
      End Sub
```

④ "新增"数据按钮事件。

```
      Private Sub cmdNew_Click()
      UserAction = "AddNew"
      Adodc1.Recordset.AddNew
      Image1.Picture = LoadPicture("")
      EnableButtons (False)
      End Sub
```

⑤ "修改"数据按钮事件。

```
      Private Sub cmdAlter_Click()
      UserAction = "Alter"
      EnableButtons (False)
      txtName.SetFocus
      End Sub
```

⑥ 新增与修改对相片文件路径的设置。通过运行时双击 Image1 控件打开文件对话框实现。

```
      Private Sub Image1_DblClick()
      If UserAction = "Browse" Then Exit Sub      '非编辑状态退出
      CommonDialog1.DialogTitle = "打开文件"
      CommonDialog1.Filter = "JPG 文件|*.jpg"
      CommonDialog1.ShowOpen
      txtPhoto.Text = "img\" + CommonDialog1.FileTitle
      Image1.Picture   =   LoadPicture(App.Path   +   "\img\"   +
CommonDialog1. FileTitle) '相对路径
      End Sub
```

⑦ "删除"数据按钮事件

```
      Private Sub cmdDelete_Click()
      Dim i As Integer
      i = MsgBox("您确认删除此记录吗? ", vbExclamation + vbYesNo)
      If i = 6 Then Adodc1.Recordset.Delete
```

```
    If Not Adodc1.Recordset.EOF Then
      Adodc1.Recordset.MoveNext
    Else
      Adodc1.Recordset.MoveFirst
    End If
  End Sub
```

⑧ "保存"数据按钮事件

```
    Private Sub cmdSave_Click()
    UserAction = "Browse"
    Adodc1.Recordset.Update
    EnableButtons (True)
    TxtNo.SetFocus
    End Sub
```

⑨ "放弃"数据按钮事件

```
    Private Sub cmdCancel_Click()
    UserAction = "Browse"
    Adodc1.Recordset.Cancel
    EnableButtons (True)
    Adodc1.Refresh
    End Sub
```

⑩ 窗体出现时显示与当前记录一致的相片。

```
    Private Sub Form_Activate()
    If Not Adodc1.Recordset.EOF And Not Adodc1.Recordset.BOF Then
        Image1.Picture=LoadPicture(App.Path      +       "\"      +
  Adodc1.Recordset.Fields("photo"))
      End If
    End Sub
```

（5）调试运行，在程序运行前，先执行文件菜单下的"保存工程"，将整个工程保存下来，然后点击运行，单击 Adodc 相应的图标，看是否能实现数据浏览的效果，单击"新增"、"修改"、"删除"并指定相片，检验能否达到数据修改功能，效果如图 14-11 所示。

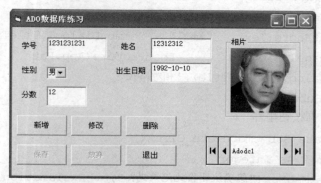

图 14-11　利用 ADO 控件实现对数据的增、删、查、改

实验 14-4 综合实验

【实验内容】

设计创建一个"学生成绩管理"应用程序。要求能实现成绩记录的修改、删除、保存、取消、更新等功能。

【实验步骤】

1. 设计界面

新建 2 个窗体，分别用作输入成绩界面、修改成绩界面。分别在这 2 个窗体中添加如图 14-12、图 14-13 所示的控件。其中用到的 DataCombo 控件可以通过选择"工程"|"部件"菜单命令，在弹出的"部件"对话框中选择"Microsoft Data Bound List Controls 6.0"部件，如图 14-14 所示。

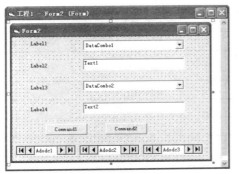

图 14-12 输入成绩界面中的控件

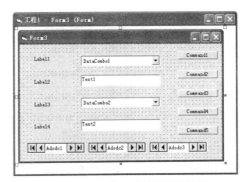

图 14-13 修改成绩界面的控件

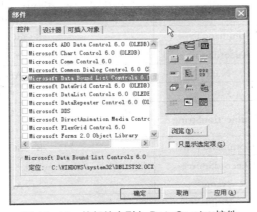

图 14-14 从部件中引入 DataCombo 控件

2. 设置属性

"成绩输入"窗体及控件属性设置如表 14-6 所示。

表 14-6 "成绩输入"窗体及控件属性设置

控 件	属 性 名	属 性 值
窗体	Name	Frmsrcj
	Caption	输入成绩
标签	Name	Label1

控 件	属 性 名	属 性 值
标签	Caption	学号
	Name	Label2
	Caption	姓名
	Name	Label3
	Caption	课程
	Name	Label4
	Caption	成绩
文本框	Name	Text1
	Text	""（空）
	Name	Text2
	Text	""（空）
命令按钮	Name	Command1
	Caption	确认输入
	Name	Command2
	Caption	退出
ADODC	Name	Adodc1
	Visible	False
	ConnectionString	Provider=Microsoft.Jet.OLEDB.4.0；Data Source=student.mdb；Persist Security Info=False
	CommandType	8-adCmdTable
	RecordSource	select * from 学籍
	Name	Adodc2
	Visible	False
	ConnectionString	Provider=Microsoft.Jet.OLEDB.4.0；Data Source=Student.mdb；Persist Security Info=False
	CommandType	8-adCmdTable
	RecordSource	select * from 课程
	Name	Adodc3
	Visible	False
	ConnectionString	Provider=Microsoft.Jet.OLEDB.4.0；Data Source=Student.mdb;Persist Security Info=False
	CommandType	8-adCmdTable
	RecordSource	select * from 成绩
DataCombo	Name	DataCombo1
	Text	""（空）
	Rowsource	Ado1
	ListField	学号

控 件	属 性 名	属 性 值
DataCombo	Name	DataCombo2
	Text	""（空）
	Rowsource	Ado2
	ListField	课程

设置属性后的界面如图 14-15 所示。

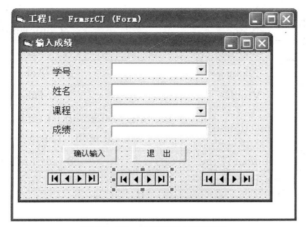

图 14-15 设置属性后的界面

"修改成绩"窗体及控件属性设置如表 14-7 所示。

表 14-7 "修改成绩"窗体及控件属性设置

控 件	属 性 名	属 性 值
窗体	Name	Frmxgcj
	Caption	修改成绩
标签	Name	Label1
	Caption	学号
	Name	Label2
	Caption	姓名
标签	Name	Label3
	Caption	课程
	Name	Label4
	Caption	成绩
文本框	Name	Text1
	Text	""（空）
	Name	Text2
	Text	""（空）
命令按钮	Name	Command1
	Caption	修改成绩

控　件	属　性　名	属　性　值
命令按钮	Name	Command2
	Caption	更新数据
	Name	Command3
	Caption	取消修改
	Name	Command4
	Caption	删除记录
	Name	Command5
	Caption	退出
ADO	Name	Ado1
	Visible	False
ADODC	ConnectionString	Provider=Microsoft.Jet.OLEDB.4.0；Data Source= student.mdb；Persist Security Info=False
	CommandType	8-adCmdTable
	RecordSource	select * from 学籍
	Name	Adodc2
	Visible	False
	ConnectionString	Provider=Microsoft.Jet.OLEDB.4.0；Data Source= Student.mdb；Persist Security Info=False
	CommandType	8-adCmdTable
	RecordSource	select * from 课程
ADODC	Name	Ado3
	Visible	False
	ConnectionString	Provider=Microsoft.Jet.OLEDB.4.0；Data Source= Student.mdb；Persist Security Info=False
	CommandType	8-adCmdTable
	RecordSource	select * from 成绩
DataCombo	Name	DataCombo1
	Text	""（空）
	Rowsource	Ado1
	ListField	学号
	Name	DataCombo2
	Text	""（空）
	Rowsource	Ado2
	ListField	课程

设置属性后的界面如图 14-16 所示。

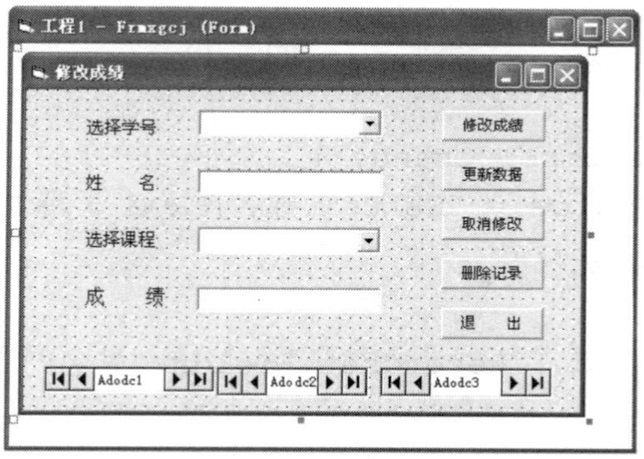

图 14-16　设置属性后的界面

3．编写代码

打开代码窗口，编写代码如下：

```
Private Sub Command1_Click()
    ado1.Refresh
    SQL1 = "select * from 成绩 where
    学号='" & DataCombo1 & _
    "' " & "and" & " 课程='" &
     DataCombo2 & "'"
    ado3.RecordSource = SQL1
    ado3.Refresh
    If ado3.Recordset.BOF And ado3. Recordset.EOF Then
        SQL1 = "select * from 成绩"
        ado3.RecordSource = SQL1
        ado3.Refresh
        ado3.Recordset.AddNew
        ado3.Recordset("学号") = DataCombo1.Text
        ado3.Recordset!课程 = DataCombo2.Text
        ado3.Recordset!分数 = Text2.Text
        ado3.Recordset.Update
        MsgBox "已成功输入!", vbExclamation
    Else
        MsgBox "该成绩已存在，请重新输入! ", vbExclamation
        With DataCombo2
            .SelStart = 0
            .SelLength = Len(.Text)
            .SetFocus
        End With
    End If
End Sub
Private Sub Command2_Click()
```

```
Unload Me
End Sub
Private Sub DataCombo1_Change()
    ado1.RecordSource = "SELECT 姓名 FROM 学籍 WHERE 学号='" _
    & DataCombo1 & "'"
    ado1.Refresh
    Text1.Text = ado1.Recordset.Fields("姓名")
End Sub
Private Sub DataCombo1_Click(Area As Integer)
    ado1.RecordSource = "SELECT * FROM 学籍"
    ado1.Refresh
End Sub
Private Sub Command1_Click()
    Command1.Enabled = False
    Command2.Enabled = True
    Command3.Enabled = True
    Command4.Enabled = True
    End Sub
Private Sub Command2_Click()
    ado3.Refresh
    Set rs = ado3.Recordset
    ado3.Recordset("学号") = DataCombo1.Text
    ado3.Recordset!课程 = DataCombo2.Text
    ado3.Recordset!分数 = Text2.Text
    rs.Update
    Command1.Enabled = True
    Command2.Enabled = False
    Command3.Enabled = False
    Command4.Enabled = False
End Sub
Private Sub Command3_Click()
    Set rs = ado3.Recordset
    rs.CancelUpdate
    ado3.Refresh
    Text2 = rs!分数
    Command1.Enabled = True
    Command2.Enabled = False
    Command3.Enabled = False
    Command4.Enabled = False
End Sub
```

```
Private Sub Command4_Click()
 Dim SQL1 As String, rs As ADODB.Recordset, DR As Integer
        DR = MsgBox("确实要删除当前记录吗?", vbYesNo, "敬告")
        If DR = vbYes Then
        SQL1 = "SELECT * FROM 成绩 WHERE  学号='" & DataCombo1 & "' "
 & "AND" & " 课程='" & DataCombo2 & "'"
            ado3.RecordSource = SQL1
            ado3.Refresh
            Set rs = ado3.Recordset
            If rs.BOF And rs.EOF Then
                MsgBox "无此记录, 请重新选择! ", vbExclamation
                DataCombo1.Text = ""
                Text1.Text = ""
                DataCombo2.Text = ""
                Text2.Text = ""
            Else
                rs.Delete
                ado3.Refresh
                DataCombo1.Text = ""
                Text1.Text = ""
                DataCombo2.Text = ""
                Text2.Text = ""
            End If
        Else
            GoTo ABC
        End If
    ABC:
        Command1.Enabled = True
        Command2.Enabled = False
        Command3.Enabled = False
        Command4.Enabled = False
    End Sub
    Private Sub Command5_Click()
    Unload Me
    End Sub
    Private Sub DataCombo1_Change()
        ado1.RecordSource = "SELECT 姓名 FROM 学籍 WHERE 学号='" _
        & DataCombo1 & "'"
        ado1.Refresh
        If DataCombo1.Text = "" Then
```

```vb
        Exit Sub
        Else
        Text1.Text = ado1.Recordset.Fields("姓名")
        End If
        Dim SQL1 As String, rs As ADODB.Recordset
        If DataCombo2.Text <> "" Then
            SQL1 = "SELECT * FROM 成绩 WHERE  学号='" & DataCombo1 & "' "
& "AND" & " 课程='" & DataCombo2 & "'"
            ado3.RecordSource = SQL1
            ado3.Refresh
            Set rs = ado3.Recordset
            If rs.BOF And rs.EOF Then
                Text2.Text = ""
                Exit Sub
            Else
                Text2.Text = rs!分数
            End If
        End If
    End Sub
    Private Sub DataCombo1_Click(Area As Integer)
        ado1.RecordSource = "SELECT * FROM 学籍"
        ado1.Refresh
    End Sub
    Private Sub DataCombo2_Change()
        Dim SQL1 As String, rs As ADODB.Recordset
        Text2.Text = ""
        If DataCombo2.Text = "" Then
        Exit Sub
        Else
        SQL1 = "SELECT * FROM 成绩 WHERE  学号='" & DataCombo1 & "' " &
         "AND" & " 课程='" & DataCombo2 & "'"
        ado3.RecordSource = SQL1
        ado3.Refresh
        Set rs = ado3.Recordset
        If rs.BOF And rs.EOF Then
                MsgBox "该成绩不存在，请重新选择! ", vbExclamation
                With DataCombo2
                    .SelStart = 0
                    .SelLength = Len(.Text)
                    .SetFocus
```

```
            End With
    Else
        Text2.Text = rs!分数
    End If
    End If
End Sub
Private Sub
    Command1.Enabled = True
    Command2.Enabled = False
    Command3.Enabled = False
    Command4.Enabled = False
    Command5.Enabled = True
End Sub
Private Sub Form_Initialize()
ChDrive App.Path
ChDir App.Path
End Sub
```

4．调试运行

选择菜单"运行"|"启动"命令运行程序，"成绩输入"运行界面与"修改成绩"运行界面分别如图 14-17 和图 14-18 所示。选择学号并输入或修改成绩，检查程序的运行情况并进行适当的修改，修改完毕后，保存程序。

图 14-17 "成绩输入"运行界面

图 14-18 "成绩修改"运行界面

思考题

一、问答题

1．什么是关系型数据库?

2．详细描述关系型数据库的设计步骤。

3．使用 DATA 数据控件访问数据库的步骤有哪些?

4．常用的数据绑定控件有哪些? 数据绑定的具体步骤是什么?

5．简述 SQL 语句的功能。

二、程序设计

1. 利用 Access 2003 建立一个库存管理的数据库，并建立物资目录、库存数量两个数据表，两个表的字段见表 14-8、表 14-9。最后输入一些测试数据。

表 14-8 物资目录字段表

字 段 名	数据类型	长 度	是否主关键字	允许零长度	中文含义
Wzbh	Text	10	是	否	物资编号
Wzmc	Text	30	否	否	物资名称
Ggxh	Text	30	否	否	规格型号
Jldw	Text	12	否	是	计量单位
Jhdj	single		否	是	计划单价

表 14-9 库存数量字段表

字 段 名	数据类型	长 度	是否主关键字	允许零长度	中文含义
kfbh	Text	2	是	否	库房号
Wzbh	Text	10	是	否	物资编号
dckc	single		否	是	当前库存

2. 利用 ADO 对象，实现对物资目录、库存目录数据的增、删、查、改。

3. 利用 SQL 语句实现对两个表的联合查询并输出，即查询某种物资的详细信息与库存。